Die Welt erkennen

1

Gibt es Wahrheit?

Was unterscheidet Wissenschaft von Glauben?

Nehmen wir die Welt so wahr, wie sie ist?

Wann sind Verallgemeinerungen zulässig?

Wie verlässlich ist Wissenschaft?

Welche Rolle spielen Theorien?

Wie sollen wir mit Zweifeln an der Wissenschaft umgehen?

Naturwissenschaftliche Erkenntnis versucht, Irrtümer zu korrigieren.

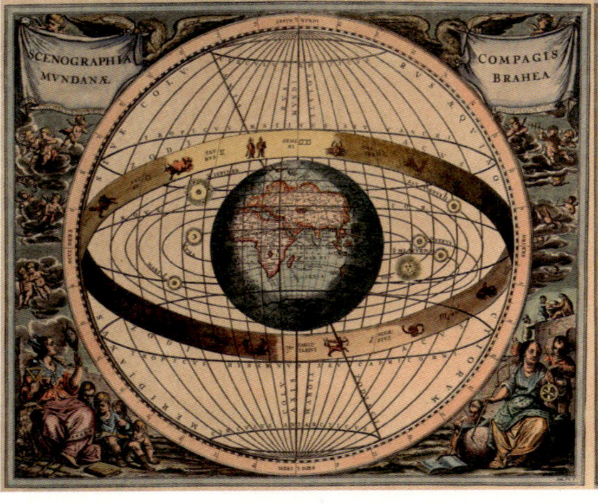

1: Geozentrisches (links) und heliozentrisches Weltbild (rechts)

Faust bezeichnet sich in Goethes Drama selbst als *„armer Tor“ („da steh ich nun, ich ... .“)*, weil er zu erkennen versucht, *„was die Welt im Innersten zusammenhält“*. Sind Sie auch solch ein armer Tor, also dem Volksmund nach ein einfältiger, dummer Mensch? Jemand, der wissen will, wie die Welt funktioniert? Sind Sie manchmal unschlüssig, welchen Experimenten man glauben kann? Und haben Sie das Bedürfnis, Irrtümer zu korrigieren? Dann sind Sie ein neugieriger Mensch und denken (natur-)wissenschaftlich.

2: Galilei erklärt seine neuen astronomischen Theorien an der Universität von Padua, ca. 1609 (gemalt 1873 von Félix Parra).

Wissenschaft ist seit den arabischen Gelehrten des 9. Jahrhunderts sowie seit Galileo Galilei (1564 – 1641) der Versuch, die Welt zu beschreiben, zu messen, zu erklären und Vorhersagen zu wagen (Abb. 2).

Geht die Sonne auf und unter?

Täglich erleben wir, dass die Sonne auf- und untergeht. Nach unserer Wahrnehmung steht die Erde im Mittelpunkt, die Sonne bewegt sich um sie: geozentrisches Weltbild. Bereits hundert Jahre vor Galilei konnte Nikolaus Kopernikus (1473–1543) zeigen, dass die Bewegungen der Planeten vorhersagbar zu berechnen sind, wenn die Sonne im Mittelpunkt steht: ein heliozentrisches Modell. Mit dieser kopernikanischen Wende wurde die Erde und mit ihr der Mensch aus dem Mittelpunkt der Welt gerückt: Die erste Kränkung der Menschheit. Galilei wie Kopernikus mussten sich gegen Vorwürfe der Ketzerei wehren. Dabei wollten sie die Menschheit vor einem Irrtum bewahren und Wissen erzeugen, auf das man sich verlassen kann. Das Problem von Galileo war, dass er den Heliozentrismus als eine naturwissenschaftlich begründete Aussage verteidigte, in einer Zeit, in der Aussagen der Bibel und der griechischen Philosophie für naturwissenschaftlich wahr gehalten wurden und als zuverlässiger galten als Beobachtung und Experiment (Problem der Wahrheit: → S.10). Volksglaube und die Autorität der Kirchen stützten diese Anschauung. Ähnlich erging es Charles Darwin (1809–1882). Dass der Mensch wie alle Lebewesen zufällig in der Evolution entstanden ist, erschüttert(e) die Menschen, die an eine einmalige Schöpfung glaub(t)en (→ S. 37).

3: Mondlandung 1969

Kann man sich auf naturwissenschaftliches Wissen verlassen?

Haben Sie sich anlässlich des Flugs von Raketen und Sonden zum Mond nicht auch gefragt: Wie ist es möglich, dass sie die Erdumlaufbahn verlassen können, zielgenau die jeweilige Umlaufbahn erreichen, landen und sicher wieder zur Erde zurückkehren (Abb. 3)? Ist es nicht fantastisch, wie zuverlässig die wissenschaftlichen Modelle sind, auch wenn wir dabei nur einen winzigen Ausschnitt der Welt wahrnehmen und damit unsere Wirklichkeit herstellen (→ S. 9)? Der Astronaut Bill Anders der Apollo-8-Mission antwortete auf die Frage, wer das Raumschiff steuere: *„I think Isaac Newton is doing most of the driving right now."* Er bezog sich auf Newton (1643–1727), da der Wissenschaftler Jahrhunderte zuvor mit seinem Gravitationsgesetz die Beziehungen zwischen Masse, Entfernung und Gravitationskraft präzise beschrieben hatte. Auch wenn keiner weiß, was Gravitation eigentlich ist, kennt man ihre Wirkungen sehr genau (→ S.14).

Welche Bedeutung hat naturwissenschaftliches Wissen?

Naturwissenschaftliches Wissen ist die Grundlage ärztlichen Handelns. All unsere Technik gründet auf verlässlichen, durch Wissenschaft gewonnenen Daten und Kenntnissen. Diese beruhen auf vorläufigen Theorien und Modellen, die durch wiederholte Überprüfungen und Fehlerkorrekturen verbessert werden (→ S. 26–29).

ANSICHTEN UND EINSICHTEN

Ist Naturwissenschaft zeitgemäß?

Diese Frage wird Sie sicherlich überraschen. Denn in einer immer komplexeren Welt, in der in allen Bereichen wissenschaftliche und technische Lösungen benötigt werden, ist nichts dringender und aktueller gefordert als Wissenschaft. Ja, das Wohl der Erde und das Überleben der Menschheit hängen u. a. von ihrem Wirken ab. Demgemäß finden sich täglich Meldungen zu wissenschaftlichen Themen in den Medien. Die Medienlandschaft aber hat sich in den letzten Jahrzehnten dank des Internets gewaltig verändert. Es herrscht ein immenser Konkurrenzdruck. Analog zum olympischen Motto „schneller, höher, weiter" kann man die Erwartungen an erfolgreiche Meldungen beschreiben mit: lauter, einfacher, glaubwürdiger, schneller. Je eindringlicher und sensationeller und auf den ersten Blick leicht verständlich eine Information gestaltet und unmittelbar in die Welt gepostet wird, desto größer ist ihre Chance, überhaupt wahrgenommen zu werden. Dabei wird nicht immer die Seriosität der Quellen geprüft.

Fake News haben eine traurige Berühmtheit erlangt, in manchen Kreisen sogar Anerkennung gefunden. Die genannten Aspekte sind den Wissenschaften nicht nur fremd, sondern sie stehen im fundamentalen Gegensatz zur wissenschaftlichen Denk- und Arbeitsweise. Wissenschaft ist selten laut, sondern selbstkritisch zurückhaltend. Ganz selten sind ihre Ergebnisse einfach (darzustellen), vielmehr eher konträr zu unserem Gefühl. Wissenschaft arbeitet aufgrund der Diskussionen untereinander und dem Ideal der Wiederholung langsam und fundiert.
Viele wissenschaftliche Organisationen und Institute haben die Zeichen der Zeit erkannt und stellen zunehmend Kommunikationsfachleute ein. Es liegt aber auch an uns Konsumenten: So sollten wir uns nur in seriösen Quellen informieren, mit anderen Quellen vergleichen und Hintergründe recherchieren.

Wir nehmen nur einen winzigen Ausschnitt der Welt wahr.

1: Die Wahrnehmung von Licht wirkt auch auf unsere Gefühle.

Das Spektrum elektromagnetischer Wellen

Wärme und Licht nehmen wir verschieden dar, sie sind für uns verschiedene Kategorien. Dabei gehören sie physikalisch zum kontinuierlichen Spektrum der elektromagnetischen Wellen.

Beschränkte Wahrnehmung

Nur einen kleinen Teil des Spektrums nehmen wir als Licht wahr (Abb. 2). Kürzere Wellen (Ultraviolett) können wir nicht wahrnehmen. Auf der anderen Seite des Sehspektrums nehmen wir Infrarot zwar nicht optisch wahr, wohl aber als Wärme – Schlangen können es mithilfe ihres Grubenorgans als „Wärmebild" wahrnehmen.

Mechanische Wellen nehmen wir im Bereich von 16–20 Kilohertz (Khz) als Schall wahr. Unser Hörvermögen wird im oberen Bereich mit dem Alter schlechter. Deshalb hören ältere Menschen im Gegensatz zu jüngeren nicht die Frequenzen der Fledermäuse (20–100 Khz), mit denen sich diese orientieren. Nur winzige Ausschnitte der Wellenlängen können wir somit ohne Hilfsgeräte wahrnehmen.

Der Mesokosmos

Der Mesokosmos (vom griechischen mesos, Mitte, und kosmos, Welt, Ordnung) ist unsere kognitive Wahrnehmungs-Nische: Er ist die Welt, die wir (und viele Tiere) sich erschließen können (wobei wir vielfach kaum eine Ahnung davon haben, wie Tiere die Welt wahrnehmen). Er umfasst den Bereich der Dimensionen, die von Menschen (und Tieren) anschaulich als sinnliche Erfahrungen erfassbar sind: In der Zeit sind dies Sekunden (Herzschlag) bis Jahrzehnte (Lebensdauer), in der Länge Millimeter (Staub, Haare) bis Kilometer (Horizont, Tagesmarsch), bei den Geschwindigkeiten von der Ruhe bis zu einem Sprinter (10 m/s), bei den Massen von Gramm (Feder) bis zu Tonnen (Felsen) und in der Temperatur von erlebbaren –40 °C bis zur Siedetemperatur des Wassers (100 °C). Die Wirklichkeit von Menschen beruht also auf der Begrenztheit unserer Wahrnehmung. Sie ist als *Angepasstheit* ein Ergebnis der Evolution: Das Überleben war und ist davon abhängig, dass die artspezifischen Wahrnehmungs- und Erfahrungsstrukturen zumindest teilweise zu der Realität der Welt passen. Ein Affe, der nicht eine dreidimensionale Vorstellung besaß, verfehlte im Sprung den Ast – er konnte daher nicht unser Vorfahr werden.

Gehirne sind wie alle anderen Körperteile in erster Linie Überlebensorgane, nützliche Instrumente zur Erzeugung von Wahrnehmungen und Erfahrungen, erst in zweiter Linie Erkenntnis- und Denkorgane. Sie sind mehr oder weniger ideale Angepasstheiten an die Welt. Dazu gehört, dass mit dem Gehirn der Eindruck entsteht, wir würden die Welt so wahrnehmen, wie sie ist, ja, es gebe nur diese eine Welt. Infolgedessen müssen wir uns immer die extreme Begrenztheit unserer Wahrnehmung vor Augen führen. Unsere Eindrücke werden im akustischen bzw. optischen Bereich des Gehirns gebildet. Töne und Farben gibt es nicht in der Welt außerhalb unserer Wahrnehmung, wie auch keine optischen Täuschungen (→ S. 8).

Grenzen unserer Anschauungen

Versuchen Sie sich einmal Dinge vorzustellen, die kleiner sind als 1 mm, z. B. ein Bakterium mit einer durchschnittlichen Größe von 1 μm (10^{-3} mm). Vollkommen außerhalb unserer Vorstellung sind Moleküle, Atome, Elektronen, Quanten: der Mikrokosmos. Ebenso beschränkt ist unsere Vorstellungskraft in größeren Dimensionen wie etwa 1 000 km (Makrokosmos). Wir scheitern z. B. auch beim Schätzen der Anzahl von Vögeln in einem Schwarm. Das heißt, in unserem bereits sehr engen Wahrnehmungsbereich verlieren wir ganz schnell jegliche Anschauung. Wir haben große Schwierigkeiten, Wahrscheinlichkeiten oder ökologische Dynamiken zu erfassen. In den Weiten des Kosmos sind wir anschauungsmäßig vollkommen verloren.

Außersinnliche Erfahrung

Umso erstaunlicher ist es, dass der Mensch sich dennoch diese und andere außersinnliche Erfahrungsbereiche, wie z. B. den vierdimensionalen Raum, mithilfe von Instrumenten und vor allem mit der wissenschaftlichen Erkenntnis (wie die Relativitätstheorie) erschließen kann. Dank der Sprache, der Modellbildung und der Mathematik können Experten auch komplizierte Phänomene veranschaulichen. Dabei gewinnen wir einen Zugang zu außersinnlichen Bereichen, wie z. B. zu Atomen und Elektronen, die wir uns durch Modelle, meist in Form von Kugeln, vorstellen. Auch wenn die Mathematik nichts über die reale Welt aussagen kann, hilft sie dennoch dem Weltverständnis. Denn offensichtlich bekommt die Welt Struktur und kann in einzelne Elemente zerlegt werden, indem die Mathematik auf sie angewendet wird. In der Bildung von Hypothesen und Theorien sind wir also sehr viel erkenntnisfähiger als in der sinnlichen Anschauung. Allerdings folgen daraus große Kommunikations- und Verständnisprobleme zwischen Experten und Laien (→ S. 56).

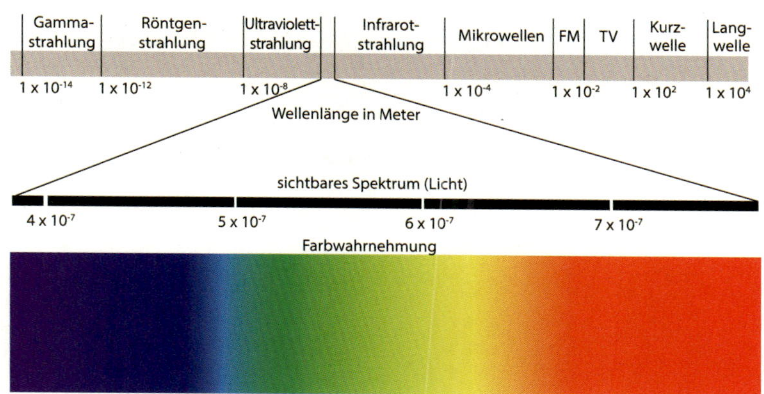

2: Spektrum der elektromagnetischen Wellen und Wahrnehmung des Menschen.

ANSICHTEN UND EINSICHTEN

Farbsehen

Kommen Sie bei der folgenden Frage ins Grübeln: Wer sieht die Farben der Welt richtig – die Biene oder der Mensch? Offensichtlich interpretieren die Bienen bestimmte elektromagnetische Wellenlängen anders als wir. Gibt es denn überhaupt Farben? In der physikalisch beschriebenen Welt gibt es keine Farben. Wellenlängen sind keine Farben. Die Zuordnung von Wellenlängen zu Farben ist nicht eindeutig. So kennen wir Purpur als Farbbereich mit Nuancen zwischen blauem Rot und rotem Blau. Dem entspricht keine definierte Wellenlänge: Die Farbe Purpur wird aus einem Gemisch von kurz- und langwelligem Licht konstruiert. Zudem ändert sich die Farbinterpretation im Laufe des Tages und durch Kontrast. Farben werden im Gehirn erzeugt.

Der menschliche Sehbereich macht nur einen winzigen Ausschnitt des Spektrums der elektromagnetischen Wellen aus (Abb. 2). Der Sehbereich hat physikalisch nicht die Eigenschaften sichtbar oder farbig zu sein, sondern die elektromagnetischen Wellen dieses Bereichs werden im Gehirn als Licht und Farben interpretiert (Abb. 1).

AUFGABEN

1 Der US-amerikanische Philosoph Thomas Nagel (geb. 1937) hat ein bemerkenswertes Buch geschrieben: „Wie es ist, eine Fledermaus zu sein". Auch wenn er selbst es für unmöglich hält, sich wie eine Fledermaus zu fühlen: Versuchen Sie dennoch, die Welt aus der Sicht einer Fledermaus zu beschreiben.

https://www.fr-v.de/522003-k1-s7/

Wahrnehmen ist Konstruieren.

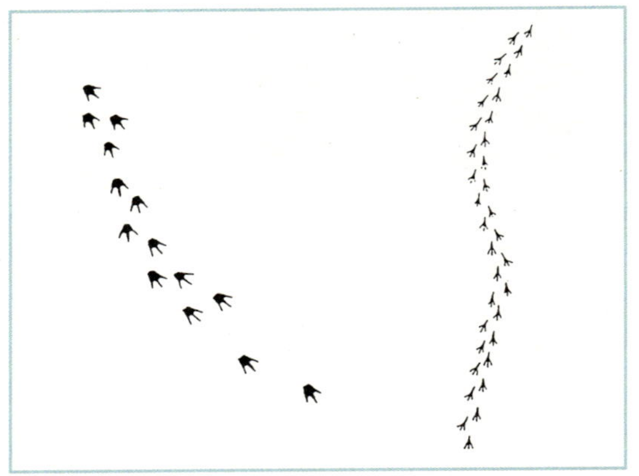

1: Spuren im Schnee? Oder nur schwarze Flecken?

2: Illusion durch schwarze Flecken

https://www.fr-v.de/522003-film1-taeuschung/

Was sehen Sie in Abbildung 1? Sehen Sie Spuren im Schnee? Spuren von Vögeln, die verschieden große Spuren hinterlassen? Oder sehen Sie nur schwarze Zeichen auf Papier?

Wie auch optische Täuschungen zeigen, nehmen wir unsere Umgebung nie ohne Vor-Annahmen wahr. Wir können in den unzusammenhängenden Klecksen einen Hund sehen. Das ist eine im Gehirn konstruierte Wahrnehmung: eine Illusion (Abb. 2). Solche Illusionen bleiben auch wider besseres Wissen erhalten. Bei Betrachtung von Abbildung 3 bleibt unsere Wahrnehmung auch dann unverändert, wenn wir uns durch Messung versichert haben, dass die Pfeile gleich lang sind.

Im Gehirn werden auch Scheinbewegungen konstruiert (Abb. 4).

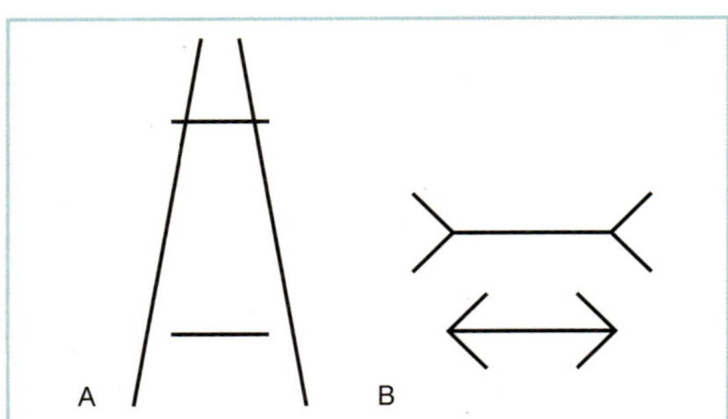

3: Nicht korrigierbare Täuschungen

Einen weiteren beeindruckenden Hinweis auf die Funktionsweise des Gehirns geben uns die sogenannten Kipp-Bilder. Versuchen Sie, in Abbildung 5 jeweils die Vase oder die beiden Gesichter in Ihr Bewusstsein zu rufen. Wir können also dasselbe Bild zweifach „sehen", zwei gegensätzliche Perspektiven auf denselben Gegenstand, aber nie beide gleichzeitig im Bewusstsein haben. Pro Zeit gibt es nur einen Bewusstseinsinhalt. Willentlich können wir die beiden Bilder gegeneinander tauschen; deswegen spricht man von Kipp-Bildern. Wenn Sie nun versuchen, sich auf eine Sichtweise zu konzentrieren, werden Sie nach wenigen Sekunden bemerken, dass das Bild umspringt. Dies kann nur so interpretiert werden, dass im Gehirn die Bewusstseinsinhalte unabhängig von unserem Willen ausgetauscht werden. Dies ist ein weiterer Hinweis darauf, dass im Gehirn die Wirklichkeit konstruiert wird.

Mit dem QR-Code können Sie weitere derartige Täuschungen erkunden.

Alltäglicher Realismus

Dennoch: Jeder Mensch ist sich gedankenlos sicher, dass er die Welt so wahrnimmt, wie sie ist: Alltäglicher Realismus!

Daran zu zweifeln, wäre nicht gut fürs Überleben. Allermeist stimmen ja unsere Wahrnehmungen und Deutungen, sie haben sich im Alltagsleben und auch evolutionär bewährt. Den Gartenteich, den wir sehen, nimmt z. B. auch die Katze wahr, wenn sie ihn umgeht. Für die Wissenschaft, die Irrtümer ausschließen will, ist es aber bedeutend, die Grenzen unserer Erkenntnis(fähigkeit) im Auge zu behalten. Der alltägliche Realismus wird dabei reflektiert (→ S. 10).

Konstruktion von Wirklichkeiten

Aus der Neurobiologie wissen wir, dass alle im Gehirn von den Sinnesorganen eintreffenden Erregungen unspezifisch sind. Egal, ob diese z. B. vom Auge oder vom Ohr stammen, es sind immer die gleichen Aktionspotenziale. Sie unterscheiden sich je nach Stärke der Erregung nur in der Anzahl von *Aktionspotenzialen* pro Zeit. Ein uninformierter Forscher kann per Messung nicht bestimmen, ob er z. B. eine Hör- und eine Seh-Erregung misst. Man spricht von der Neutralitätsthese der Erregungsleitung zum Gehirn. Die optischen Nerven sind nun aber evolutionsbedingt fest mit dem Sehzentrum im hinteren Teil des Großhirns verbunden. Dort werden die einzelnen Wahrnehmungen aufgrund der stammesgeschichtlichen und individuellen Erfahrung erzeugt. Dieses schwer verstehbare Phänomen kann man am folgenden Beispiel verdeutlichen: Personen mit unfallbedingt verlorenen Gliedmaßen, von denen sensible Nerven ins Gehirn gingen, empfinden oft weiterhin (Phantom-)Schmerzen in den nicht mehr vorhandenen Armen oder Beinen. Man spricht davon, dass im Gehirn unsere Welt als Wahrnehmung konstruiert wird. Die zugehörige, anerkannte Erkenntnistheorie nennt man Konstruktivismus. Dementsprechend unterscheidet man die im Gehirn erzeugte Wirklichkeit von der (angenommenen) objektiven Realität der Welt. Mit unseren Sinnen entnehmen wir der Umwelt also nicht die wahre Realität. Wenn wir alle Konstruktionsprozesse im Gehirn als Denken bezeichnen, gilt vielmehr: Sehen ist Denken.

4: Scheinbewegungen: Die Zahnräder drehen sich, wenn man die Seite vor- und zurückbewegt.

5: Kippbild: Was sehen Sie? Vase oder Gesichter?

AUFGABEN

1 Erklären Sie die abgebildeten (und weitere) Täuschungen auf dem QR-Code. Erläutern Sie dabei die zugrundeliegenden, dem Überleben dienenden Konstruktionen im Gehirn.

2 Stellen Sie sich vor, man würde die sensiblen Nerven des Ohres mit dem optischen Bereich im Gehirn verbinden und umgekehrt, die Sehnerven mit dem akustischen Bereich: Wie wäre Ihre Wahrnehmung von Schallereignissen und elektromagnetischen Wellen?

https://www.fr-v.de/522003-k1-s9/

Wahrheit ist nicht zu beweisen.

1: Heinz von Foerster: *„Wahrheit ist die Erfindung eines Lügners."*

Der österreichische Physiker und Konstruktivist Heinz von Foerster (1911–2002) stellte Wahrheit radikal in Frage (Abb. 1): Wie kam er dazu, Wahrheit so fundamental ins Gegenteil zu verkehren?

Wahrheit – Geltung – Gewissheit

Wahrheit hat Aristoteles (384–322 v. Chr.) als die Übereinstimmung von Wahrnehmung und Denken definiert. Er nahm an, dass die entsprechenden Aussagen dann mit der Realität übereinstimmen. Solche scheinbar objektiven Wahrheiten beanspruchen allgemeine, d. h. objektive, Geltung. Wissenschaft enthält ebenfalls diesen Anspruch. Damit wird ein Gefühl der Gewissheit erreicht.

Wahrheit im Alltag

Gewissheit meinen wir zu erreichen, wenn wir die Begriffe Lüge, Irrtum und Wahrheit gebrauchen. Menschen sind nach Gewissheit Suchende, ja Gewissheit Bedürftige. Im Alltag gehen wir alle intuitiv davon aus, dass unsere subjektiven Wahrnehmungen und Erkenntnisse wahr sind: subjektive Wahrheit. Als klassisch subjektive Urteile gelten solche des Geschmacks, der Schönheit und der Religion. Wenn sich Fußgänger und Autofahrer am Zebrastreifen begegnen, gehen sie von gemeinsamen, objektiven Wahrnehmungen aus, auch weil es für diese Situation Verkehrsregeln gibt. Kommt es allerdings zu einem Unfall, wird die Sache mit der Wahrheit schwieriger. Richter können ein Lied davon singen, wie gegensätzlich Zeugenaussagen oft sind. Jeder Zeuge ist sich sicher, die Situation objektiv zu beschreiben. Stimmen die individuellen Wahrheiten von zwei Personen nicht überein, könnte ein unabhängiger Richter entscheiden, der aber ebenfalls nur (subjektiv) interpretieren kann. Stimmen die Interessen von zwei Personen nicht überein, muss die Wahrheit untereinander (zwischen Subjekten) ausgehandelt werden, z. B. durch einen Kompromiss. Man spricht von intersubjektiver Wahrheit.

Kritik der Wahrheit

Die mit unserem Gehirn erzeugte individuelle Wirklichkeit stimmt mehr oder weniger mit der Realität überein (→ S. 8). Karl Popper (1902–1994), ein österreichisch-britischer Philosoph, provozierte mit der These: *Wissenschaft kann objektive Wahrheit nie erreichen, sondern sich ihr allenfalls nähern* (→ S. 32). Aber: Wer oder was sollte uns anzeigen, dass man sich der Wahrheit angenähert hat, dass sie gar gefunden wurde? Es gibt keine objektive Instanz der Wahrheit. Objektive Wahrheiten kennen wir nur aus der Mathematik (1+1 = 2) und Logik (ein Ding kann nicht gleichzeitig zwei konträre Eigenschaften haben, wie z. B. innen und außen sein). Mathematik wie auch Logik sind unabhängig von der Außenwelt in sich widerspruchsfrei konstruiert.

Dies drückt sich bereits im Begriff Fakten aus: Das Wort Faktum ist abgeleitet vom lateinischen Wort factum: gemacht. Also auch angebliche Tatsachen, Fakten, sind nicht von vornherein vorhanden, sondern hergestellt. Von Foerster plädiert deshalb dafür, den Wahrheitsbegriff ganz aufzugeben. Denn in der Geschichte der Menschheit ist mit dem Anspruch, die Wahrheit für sich gepachtet haben, zu viel Unheil angerichtet worden. Kriege, nicht zuletzt religiöse, wurden und werden mit dem Anspruch geführt, im Besitz der Wahrheit zu sein. Doch sind dahinter immer Interessen zu finden. Aktuell sehen wir, dass mit der Behauptung von Fake-News Tatsachen oder andere Ansichten verunglimpft werden. Deshalb bleibt uns nichts anderes, als eine gemeinsame „Wahrheit" intersubjektiv (zwischen den Subjekten) auszuhandeln.

Dabei helfen Kriterien, auf die man sich einigt. Wissenschaft versucht dieses, indem sie sich an bestimmte methodische Kriterien hält: Unabhängigkeit von Variablen (Invarianz), Transparenz, Wiederholbarkeit, Genauigkeit, Ehrlichkeit. Zudem gehört zur Wissenschaft, ihre Ergebnisse und Aussagen der Kritik von anderen Wissenschaftler*innen zu unterwerfen und ebenfalls kritisch gegenüber den eigenen Ergebnissen zu bleiben. Statt auf Wahrheit bezieht sich Wissenschaft auf Geltung. Erkenntnistheorie und Wissenschaftstheorie untersuchen, welche naturwissenschaftlichen Aussagen gelten können – nämlich solche, die widerlegbar sind, aber nicht widerlegt worden sind (→ S. 38).

2: *„Alles was wir hören, ist eine Meinung, nicht ein Faktum. Alles was wir sehen eine Perspektive, nicht die Wahrheit."* **(Marcus Aurelius, 121–180)**

ANSICHTEN UND EINSICHTEN

Voraussetzungen von wissenschaftlicher Erkenntnis

3: John Locke

Der englische Philosoph John Locke (1632–1704) behauptete, dass die Wahrheit aus sinnlichen Erfahrungen besteht (Abb. 3). Diese Denkrichtung, der Empirismus (gr. empeiria: Erfahrung), enthält also die Ansicht, dass die Menschen allein durch Erfahrungen in Besitz der Wahrheit gelangen. Der menschliche Verstand ist danach bei der Geburt eine tabula rasa, ein weißes Blatt Papier (lat. rasa: geschabt; tabula: Tafel). Darauf schreiben äußere (sensations) und innere Wahrnehmungen (reflections).

3: Immanuel Kant

Immanuel Kant (1724–1804) kritisierte den Empirismus: Unsere Wahrnehmung wird durch die sogenannten Anschauungsformen Raum und Zeit bestimmt. Diese liegen vor jeder Erfahrung, wir sagen heute: „sie sind mit der Geburt vorhanden". Ohne Raum und Zeit könnten wir Kant zufolge nicht wahrnehmen, nicht denken und der Objektivität nicht nahekommen. Die Annahme der Anschauungsformen, die vor jeglicher Erfahrung liegen, ermöglicht gemäß Kant erst zuverlässige Aussagen der Naturwissenschaften.

AUFGABEN

1. Erinnern Sie sich an Situationen, in denen Sie mit Mitmenschen uneinig bezüglich der Wahrheit waren. Berichten Sie, wie Sie die Situation gelöst bzw. wie Sie sich auf eine intersubjektive Wahrheit geeinigt haben.
2. Unterscheiden Sie an Beispielen objektive, subjektive und intersubjektive Wahrheit.
3. Erörtern Sie die Aussage: Solange wissenschaftliche Ideen, Konzepte und Erkenntnisse anerkannt sind und funktionieren, ist es nicht relevant, ob sie mit der Wahrheit übereinstimmen. Vergleichen Sie mit dem alltäglichen Realismus.

https://www.fr-v.de/522003-k1-s11/

Glauben lässt sich nicht widerlegen.

1: Schöpfung der Erde (teilweise nach dem Gemälde „Erschaffung Adams“ von Michelangelo)

Der Begriff Wahrheit stammt vom indogermanischen Wort „wer“ ab, das Vertrauen, Treue bedeutet. Dies wird z. B. in den vertrauenswürdigen Ausdrücken „ein wahrer Freund“ sowie „ein wahres Wort“ deutlich. Insofern verstehen die christlichen Religionen biblische Texte, wie z. B. die Schöpfungsgeschichte, als vertrauenswürdige Erzählungen. Glauben ist in diesem Zusammenhang also Vertrauen.

Wissenschaftliches Wissen

Im Gegensatz zum Glauben sollen wissenschaftliche Aussagen und Texte informierende Berichte sein. Sie sollen nachvollziehbar Fakten und Ergebnisse darstellen und belegen. So lässt sich für die Geschichte des Lebens auf der Erde (Evolution) eine Fülle von Belegen aufführen. Ferner liefert die Evolutionstheorie Aussagen über die Vergangenheit und Zukunft, die sich widerlegen lassen: Das Wissen der Naturwissenschaft beruht auf widerlegbaren Aussagen (→ S. 38). Schöpfungsglaube lässt sich naturwissenschaftlich jedoch weder belegen noch widerlegen. Anhänger des Kreationismus (lat. creatio: Schöpfung) legen die Schöpfungsberichte der Bibel wörtlich aus und halten diese für naturwissenschaftliche Aussagen. Sie behaupten, dass die Arten der Lebewesen durch eine übernatürliche Macht auf die Erde gekommen sind, so, wie sie heute existieren. Diese Behauptungen sind durch keine wissenschaftliche Methode zu belegen bzw. zu widerlegen. Naturwissenschaft hat den Anspruch, dass ihre Ergebnisse und Aussagen belegt und widerlegt werden können. Diesen Anspruch haben Religionen nicht.

Wissen und Glaube

In welchem Verhältnis, welcher Beziehung stehen Glauben und Wissen? Wird der Glaube überflüssig, wenn dank Aufklärung und Wissenschaft genügend Wissen zur Verfügung steht? Wir kennen keine menschliche Kultur ohne Wissen und Glauben. Sehr früh in der Menschheitsgeschichte, vermutlich im Zuge der Arbeitsteilung, wurde zwischen Glauben und Wissen unterschieden. Bis zum Aufkommen der Physik wurden kosmische Erscheinungen, wie Regenbogen, Gewitter oder das Nordlicht, als unmittelbare Äußerungen Gottes angesehen. Naturkatastrophen waren die Strafen Gottes. Derartigen Glauben belächeln wir heute. Die katholische Kirche brauchte dreieinhalb Jahrhunderte, um 1992 Galilei von dem Vorwurf der Ketzerei freizusprechen, und weitere zwölf Jahre zur Entschuldigung. Johannes Paul II. sagte damals: *„Möglicherweise zeigte sich Galilei als aufrichtig Glaubender weitsichtiger als seine theologischen Gegner.“*

Eine Religion, die sich gegen neues Wissen sperrt, gerät in den Verdacht, generell dem Wissen(wollen) abzusagen.
Das Vertrauen in das Wissen kann man als Glauben bezeichnen. Er ist auf der einen Seite der Glaube eines Agnostikers (gr. a-gnosis: nicht wissend), der die prinzipielle Begrenztheit menschlichen Erkennens und Wissen anerkennt. Er sucht weder nach Gewissheit noch nach dem Ursprung des Ganzen. Die Frage nach Gott beantwortet er mit: „Ich weiß es nicht." Auf der anderen Seite sucht der Gläubige nach dem Grund des Daseins und der Welt und findet die Gewissheit im Bekenntnis zu Gott.

Vertrauen in die Wissenschaft

Wir sind vollkommen überfordert, wenn wir alle wissenschaftliche Aussagen auf deren Geltung überprüfen wollen. Beispielsweise können nur sehr wenige Menschen die Klimamodelle zur Erderwärmung exakt nachvollziehen und überprüfen. Vielmehr müssen wir den Expert*innen vertrauen. Allerdings können wir davon ausgehen, dass die an der Klimaforschung beteiligten Forscher*innen untereinander ihre Ergebnisse und Aussagen überprüfen, also nicht nur glauben. Sind Aussagen zur Evolution Glauben oder Wissen? Wissenschaft hat eine riesige Fülle an Fossilien ausgestorbenen Arten (wie z. B. von den Dinosauriern) gefunden und schließt daraus auf Evolution. Aber keiner hat die Evolution im Sinne von Stammesgeschichte beobachtet. Ist der Heliozentrismus Glauben oder Wissen? Auch hier machen wir täglich und jährlich eine Unmenge an Beobachtungen: zu Tag und Nacht sowie den Jahreszeiten. Die Theorie, dass die Erde um die Sonne kreist und sich selbst dreht, ist sehr plausibel, sie lässt sich sogar mathematisieren. Aber das Kreisen der Erde um die Sonne hat keiner beobachtet. Dagegen kann man in der Evolutionsbiologie verfolgen, wie Bakterienpopulationen sich auf Antibiotika-Nährböden entwickeln (→ S. 44), Evolution life sozusagen. Allerdings bleibt die grundsätzliche wissenschaftliche Skepsis: Es könnte ja einen Lebensprozess geben, der nicht evolutionär zu erklären ist.

Die naturwissenschaftliche Methode

Die kreationistische Methode

2: Naturwissenschaft und Kreationismus

ANSICHTEN UND EINSICHTEN

Wissenschaftsglaube

Seit der Antike argumentierten einige Denker, dass Wissenschaft sich nur auf tatsächliche, durch die Sinne überprüfbare Wahrnehmungen stützen dürfte. Diese nannten sie Positive (lat. positum: gesetzt), weshalb man vom Positivismus spricht. Nur auf diese Weise werde Wissen erzeugt – nicht durch die Vernunft. Diese auch als Szientismus (lat. scientia: Wissen) bezeichnete Position schließt eigenständige Geisteswissenschaften aus: Philosophie, Religion, Germanistik, Politik, Geschichte und viele andere gehörten dann nicht an die Universitäten und dürften nicht von Steuern unterstützt werden. Das wäre ein gewaltiger Verlust.

Insofern bleiben selbst Heliozentrismus und Evolution widerlegbare Theorien, d. h. vorläufiges Wissen (→ S. 19), die allerdings sehr nahe an der Gewissheit sind.

AUFGABEN

1. In einigen US-Staaten wird heftig darüber gestritten, ob die Schöpfungslehre gleich gewichtig wie die Evolutionstheorie im Biologieunterricht in den Schulen unterrichtet werden sollte. Erörtern Sie diese Forderung.

2. Suchen Sie nach Beispielen aus Ihrem Wissen, bei denen Sie den Aussagen der Wissenschaft vertrauen (müssen). Erörtern Sie, was Sie tun müssten, damit Sie in diesen Fällen eine Gewissheit erlangen könnten.

https://www.fr-v.de/522003-k1-s13/

Naturwissenschaften erklären, um Natur zu verstehen.

1: Ursache und Wirkung

„Die Natur erklären wir, das Seelenleben verstehen wir." So unterschied der Philosoph Wilhelm Dilthey (1833–1911) Naturwissenschaften von Geisteswissenschaften: Naturwissenschaften erklären, Geisteswissenschaften verstehen. Im Gegensatz dazu wollen wir heutzutage auch in den Naturwissenschaften verstehen, nämlich dadurch, dass wir etwas „Sinn-voll" erklären.

Ursache und Wirkung

Naturwissenschaften suchen nach einem überzeugenden Zusammenhang zwischen Ursache und Wirkung (Kausalität). Dabei geht die Ursache immer der Wirkung zeitlich voraus (Abb. 1). Den zeitlichen Zusammenhang als hinreichende Erklärung hat schon der schottische Philosoph David Hume (1711–1776) kritisiert. Ist der Blitz die Ursache für den Donner, weil er diesem zeitlich vorausgeht? Oder sind beide nur Erscheinungen desselben Phänomens? Tatsächlich ist es äußerst schwierig, die Übertragung von Energie (das ist die Definition von Kausalität) als Ursache und Wirkung eindeutig zu beschreiben.

	Wissenschaft	Alltag
Erklären	Ursache auf eine Wirkung aufgrund einer Theorie beziehen (→ S. 18)	Ursache auf eine Wirkung aufgrund von Alltagserfahrungen beziehen
Sinn	Erkenntnisgewinn	Erfüllung emotional besetzter Erwartungen
Verstehen	Passung zu anerkannten Theorien	Passung zu individuellen und kulturellen Erfahrungen

Naturwissenschaftliche Erklärungen

Probieren Sie es aus: Eine halbvolle Wasserflasche fällt gleich schnell zu Boden wie eine volle. Dieses Phänomen kann nach einem allgemeinen Schema erklärt werden:

Erklärungsschema

Das zu Erklärende	gleiche Falldauer
Das Erklärende	Fallgesetz
Bedingung	Luftwiderstand

Erklärt wird das Phänomen durch das Fallgesetz: Fallweg und Fallgeschwindigkeit hängen bei gleichen Randbedingungen (gleicher Luftwiderstand der Flaschen) weder von der Masse noch von der Form ab. Daraus folgt, dass beim Fehlen des Luftwiderstands, z. B. auf dem Mond, eine Feder gleich schnell wie ein Stein fällt. Dieses Beispiel zeigt: Für eine naturwissenschaftliche Erklärung muss eine gesetzesartige Aussage als theoretische Grundlage herngezogen werden. Das gilt auch in der Biologie. Beispielsweise lässt sich mit den Gesetzen der Osmose die Entwässerung eines Körpers beim Trinken von Meerwasser erklären und sogar vorhersagen. Auch Struktur-Funktions-Beziehungen, wie Hormonwirkungen, kann man so erklären: Warum veranlasst Insulin nur die Zellen der Leber und der Muskeln Glukose aufzunehmen (das ist das zu Erklärende)? Ursache ist, dass die Insulinmoleküle und die Rezeptoren an den Membranen der Leber- und Muskelzellen räumlich zueinander passen.

2: Mädchen und Jungen in trauter Eintracht

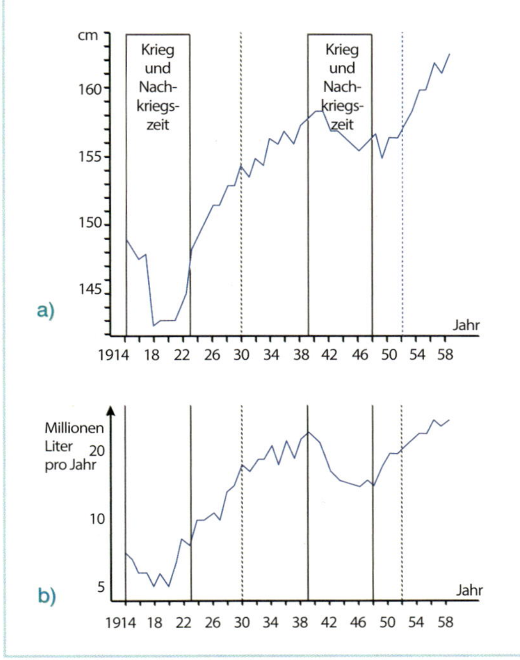

3: Korrelation zwischen Entwicklungsbeschleunigung und privatem Benzinverbrauch;
a) Körpergröße von 14- bis 15-Jährigen,
b) privater Benzinverbrauch

Die spezifische Wirkung des Insulins wird so durch das das Schlüssel-Schloss-Prinzip erklärt (dieses Modell ist das Erklärende).
Allerdings funktionieren derartige gesetzesartige Erklärungen in komplexen Zusammenhängen weniger gut, weil die Anzahl an bedingenden Variablen zunimmt: Gesetzesaussagen werden dann unscharf (→ S. 36).

ANSICHTEN UND EINSICHTEN

Korrelation und Kausalität:

Wie arbeitet Naturwissenschaft, wenn Experimente auszuschließen sind? Statistische Beziehungen zwischen zwei Phänomenen nennt man Korrelationen. Sie helfen, nach Kausalität zu suchen, sind aber selbst nicht der Nachweis von Kausalität, sie täuschen Kausalität häufig nur vor. Jungen und Mädchen (Abb. 2) werden unterschiedlich früh geschlechtsreif. Der Unterschied hat sich in den letzten Jahrzehnten noch vergrößert: Mädchen werden heute im Schnitt drei Jahre früher geschlechtsreif als vor 100 Jahren. Und die Jungen? Deren Stimmbruch tritt heute nur etwa ein Jahr und 4 Monate früher auf als vor hundert Jahren. Die Entwicklungsbeschleunigung ist mit einer Größenzunahme verbunden: In den vergangenen 110 Jahren lässt sich bis heute eine Größenzunahme um 15 cm feststellen. Die Biologie sucht nach Erklärungen. Experimente sind nicht möglich. Um den Ursachen (der Kausalität) auf die Spur zu kommen, versucht man, Korrelationen zu finden. Da die Größenzunahme in Städten stärkter ist als auf dem Land, sucht man nach Ursachen unter stadtspezifischen Faktoren wie z. B. Reizüberflutung, Stress, Luftverschmutzung, Ernährung. Eine Hypothese war, dass Benzingase die Größenzunahme auslösen können. Tatsächlich fand man eine Korrelation zwischen privatem Benzinverbrauch und Größenzunahme der Jugendlichen (Abb. 3). Korrelationen fand man aber auch für die übrigen Faktoren. Über einen Einfluss von Benzingasen, Stress, Reizüberflutung auf das Wachstum ist jedoch nichts bekannt. Dagegen gibt es einen klaren, nachweisbaren Zusammenhang von Ernährung und Wachstum: In Kriegszeiten nimmt die Nahrungsqualität ab, infolgedessen auch das Wachstum (Abb. 3). In den letzten Jahrzehnten hat besonders in der Stadt der Anteil von Proteinen und Zucker an der Ernährung zugenommen! Man konnte zeigen, dass bereits Neugeborene einen Vorsprung an Körpergröße vor den vor zehn Jahren Geborenen haben. Bei Mädchen ist auch der Zusammenhang von Wachstum und Eintritt der Geschlechtsreife klar: Sie bekommen ihre erste Regelblutung, wenn ihr Körper eine bestimmte (kritische) Masse erreicht.

AUFGABE

1 **1959 entdeckten französische Wissenschaftler, dass Körperzellen von Menschen mit dem Down-Syndrom 47 statt 46 Chromosomen haben. Was muss man nachweisen, wenn man eine Kausalität annehmen will? Wenden Sie diese Bedingungen auf das Beispiel an. Handelt es sich danach um eine Korrelation oder eine Kausalität?**

https://www.fr-v.de/522003-k1-s15/

Mit Verallgemeinerungen werden Gesetzmäßigkeiten angenommen.

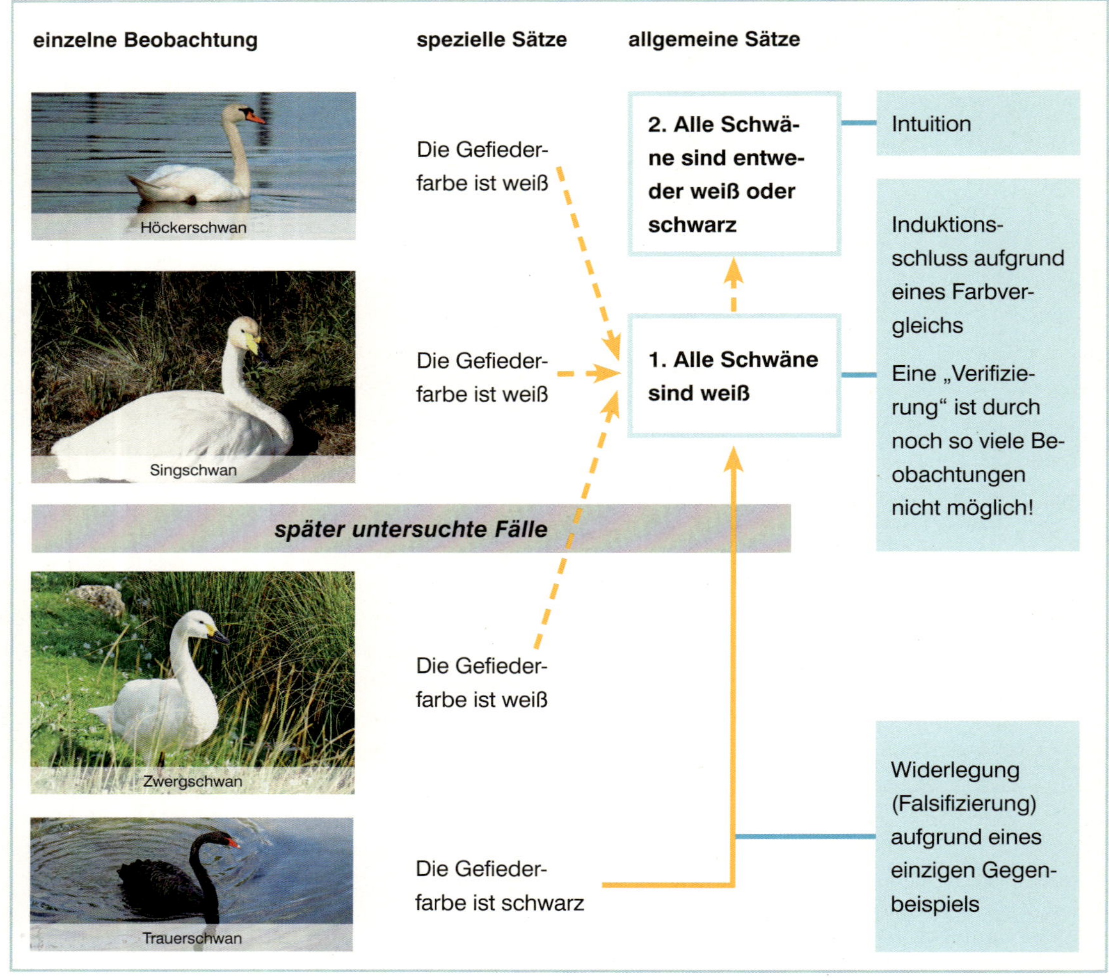

1: Induktion und Deduktion zur Hypothese: „Alle Schwäne sind weiß.“

Induktion

Jahrhundertelang galt als wahr, dass alle Schwäne weiß sind – bis in Australien schwarze Schwäne entdeckt wurden. Damit wurde die Behauptung „Alle Schwäne sind weiß“ widerlegt (Abb. 1). Es reichte also eine Beobachtung aus, um die Verallgemeinerung „alle Schwäne“ als falsch zu erkennen. Deswegen bergen Verallgemeinerungen (Allsätze) immer die Gefahr, widerlegt zu werden. Sie können nie als wahr, allenfalls als gut bestätigt gelten. Prinzipiell können zu einer Situation bzw. zu einem Phänomen nie vollständige Beobachtungen für alle Zeiten und für alle Fälle gemacht werden.

Das Schließen von einem Einzelfall auf etwas Allgemeines (z. B. ein Naturgesetz) nennt man Induktion (lat. inducere: einführen). Auch wenn ein induktiver Schluss nach den Regeln der Logik jederzeit widerlegt werden kann, wird durch das Verallgemeinern das Wissen erweitert. Man spricht vom heuristischen Wert. Der Wissenszuwachs führt zu weiteren Fragen und Forschungen.

2: Francis Bacon

Von Daten zu Schlussfolgerungen

Für den englischen Philosophen und Empiristen Francis Bacon (156–1626) war das Sammeln von Erfahrungen, z. B. in Experimenten, Verallgemeinern dieser und erneutes Überprüfen, der prinzipiell einzige Weg der Wissenschaft. Tatsächlich geht Naturwissenschaft so vor, besonders in der Biologie. Pflanzen und Tiere werden gesammelt, beschrieben, sortiert, nach Kategorien eingeteilt. So werden neue Arten definiert. Die Glaubwürdigkeit und Zuverlässigkeit von induktiven Schlüssen hängen von der Anzahl der Daten ab. Je mehr Beobachtungen man anführen kann, desto überzeugender sind die Verallgemeinerungen. Diese Stichprobengröße wird in der (Sozial-)Forschung kritisch mithilfe statistischer Regeln betrachtet. Die Anhänger von Big Data, der Möglichkeiten der enormen Datensammlung durch digitale Technologien, favorisieren immer häufiger den induktiven als Weg der Erkenntnisgewinnung. Nur darf man dabei nie vergessen, dass Daten immer aufgrund von Annahmen gesammelt werden, also Theorie-geladen sind. Zudem können induktive Schlüsse aus einer noch so großen Datenmenge durch eine einzige Beobachtung widerlegt werden.

Deduktion

Zuverlässig ist nur der zur Induktion umgekehrte Schluss die Deduktion. Das ist der Schluss von einer allgemeinen Aussage auf eine einzelne Aussage (lat. deducere: ableiten): Wenn alle Menschen sterblich sind und Sokrates ein Mensch ist, dann ist er auch sterblich. Sie merken sofort, dass damit kein logischer Fehler begangen wird. Allerdings wird dabei auch nichts Neues geschlussfolgert. Denn in der Aussage, dass Sokrates ein Mensch ist, steckt ja bereits die Aussage, dass er sterblich ist.

Dennoch ist Deduktion in der Wissenschaft wichtig und hilfreich. Sie erlaubt, aus dem allgemeinen Satz einer Theorie, „Zellen entstehen aus Zellen“ (Theorie) den Schluss zu ziehen, dass Samen und Ei auch Zellen sind oder aus ihnen bestehen, da sie aus Zellen entstehen. Dieser Schluss kann (empirisch) überprüft werden. Bei einer Bestätigung wird die Theorie ein weiteres Mal unterstützt, ihre Güte gestärkt. Bei einer Widerlegung muss die Theorie in Frage gestellt werden. Diese logische Regel hat Karl Popper zur Grundlage seiner Wissenschaftstheorie gemacht (→ S. 32).

AUFGABEN

1. Erörtern Sie, wann ein Naturgesetz als ausreichend bestätigt gelten kann. Denken Sie dabei an das Problem der Wahrheit (→ S. 10) und der Verallgemeinerungen sowie an die Anwendung bzw. Technik (→ S. 50).

2. Beurteilen Sie die beiden Sätze: „Naturgesetze sind als Gesetze unaufhebbare Vorschriften der Natur.“ „Naturgesetze sind methodisch kontrollierte, vorläufige Aussagen über die Natur.“

3. Prüfen Sie die folgenden Aussagen auf versteckte Vorannahmen und unzulässige Schlussfolgerungen:
Alle Menschen haben ein Gehirn. – Alle Menschen haben daher Verstand. – Menschen ohne Verstand sind keine Menschen.

https://www.fr-v.de/522003-k1-s17/

Theorien sind die Voraussetzungen für naturwissenschaftliche Erklärungen.

Verkannte Theorie

„Evolution is just a theory." Mit dieser Aussage hat der ehemalige US-Präsident George W. Bush die Evolutionstheorie in Frage gestellt. Auch im Alltag wird Theorie oft als fern von der Realität verstanden, als eine unbewiesene Behauptung und reine Spekulation. Eine Aussage nennt man umgangssprachlich „theoretisch", wenn sie im Gegensatz zu „praktisch" steht.

Naturwissenschaftliche Theorien sind anders zu bewerten: Theorien sind das Beste, was es in den Naturwissenschaften gibt.

1: Theodor Dobzhansky (1900–1975): *„Nothing in biology makes sense except in the light of evolution."*

Wandlung des Theorie-Begriffs

Das Wort Theorie wird auf Aristoteles (384–322 v. Chr.) zurückgeführt. „Theoria" meint die Betrachtung, das Anschauen. Durch sie sollen Menschen die Wahrheit erkennen. Im Mittelalter wurde unter Theorie das reine Denken verstanden, das in der Neuzeit dem religiösen Denken (Glauben) gegenübergestellt wird.

Naturwissenschaftliche Erklärungen

Naturwissenschaft arbeitet mit Theorien. Wissenschaftliche Theorien bestehen aus beschreibenden und erklärenden Aussagen. So erklärt die Evolutionstheorie zusammenhängend die geschichtliche Entfaltung des Lebens auf der Erde, in mehreren widerspruchsfreien und nicht widerlegten, aber widerlegbaren Aussagen: Arten verändern sich, dies geschieht nicht sprunghaft, die sich entwickelten Arten besitzen immer gemeinsame Ursprünge. Sie liefert dafür Belege z. B. in Form von Fossilien. Die Theorie kann Prognosen (Vorhersagen: „wenn dies gegeben ist, dann geschieht das") liefern, für gemeinsame Vorfahren und für zukünftige Formen. Die Evolutionstheorie enthält die Selektionstheorie. Evolutions- und Selektionstheorie liefern naturwissenschaftlich gültige Beschreibungen und Erklärungen zur Geschichte des Lebens und zu biologischen Phänomenen insgesamt (Abb. 1).

Allgemeine Aussage: **Theorie**	Alle Menschen sind sterblich.	Zellen entstehen aus Zellen durch Zellteilung.
Beobachtung: **Empirische Aussage**	Sokrates ist ein Mensch.	Samen und Ei entstehen aus Zellen durch Zellteilung.
Schlussfolgerung	Sokrates ist sterblich.	Samen und Ei bestehen aus Zellen oder sind Zellen.

Prognosen

Auch die Zelltheorie erfüllt den Anspruch an eine Theorie. Sie besagt, dass Zellen aus Zellen durch Zellteilung entstehen. Bislang sind die Hypothesen nicht widerlegt worden, dass alle Pflanzen und Tiere aus Zellen hervorgehen sowie ihre Organe aus Zellen bestehen. Aus der Zelltheorie lässt sich folgern: Zellen sollten nur aus Zellen, niemals aus totem Material entstehen. Diese Vorhersage ist nicht widerlegt, womit die Zelltheorie verlässlich und gültig ist. Theorien sollen Prognosen ermöglichen, die dann in

Form von Beobachtungen bzw. Experimenten auf den Prüfstand gestellt werden.
Dank der Zelltheorie konnten am Ende des 19. Jahrhunderts die Zellteilung (Mitose) und die geschlechtliche Vermehrung (Meiose) mikroskopisch beschrieben werden. Die seit Aristoteles verbreitete Annahme der Spontanzeugung (Urzeugung) von Lebewesen aus nicht lebender Materie konnte widerlegt werden.
Auch aus der Evolutionstheorie können Prognosen abgeleitet werden: Beispielsweise konnte ein bakterieller Krankheitserreger lange nicht im Labor gezüchtet werden, was jedoch nötig war, um ihn effektiv bekämpfen zu können. Schließlich kam ein Forscherteam auf den Gedanken, dass der Erreger im Laufe seiner Evolution die Fähigkeit verloren haben könnte, einen für sein Überleben in der Kultur nötigen Stoff zu produzieren. Sie setzen daraufhin ihrem Kulturmedium Inhaltsstoffe eines freilebenden Bakteriums zu, das mit dem Krankheitserreger stammesgeschichtlich eng verwandt ist. Der Erreger ließ sich in diesem ergänzten Nährmedium problemlos züchten.

Leistungen einer wissenschaftlichen Theorie

Das, was von Forschenden eines Wissenschaftsbereichs gedacht wird, fassen Theorien zu allgemein anerkannten Aussagen zusammen. Diese Aussagen bilden das Paradigma (→ S. 32). Deswegen halten Forscher*innen auch so lange wie möglich an einer Theorie fest. Erst wenn sich die Phänomene häufen, die mit der gängigen Theorie nicht erklärt werden können, wird diese erweitert oder ersetzt (→ S. 33).
Die Güte einer Theorie wird neben ihrem Erklärungswert und Prognosen daran gemessen, inwieweit weiterführende Forschungsfragen erzeugt werden. Das ist ihr heuristischer Wert (gr. heuriskein: finden). Ein Beispiel: Seit Gen-Sequenzierungen schnell und umfassend durchgeführt werden können, wurden durch DNA-Vergleiche die bis dahin angenommenen Entwicklungslinien bestätigt, verändert oder ganz neue Verwandtschaftsbeziehungen erkannt.

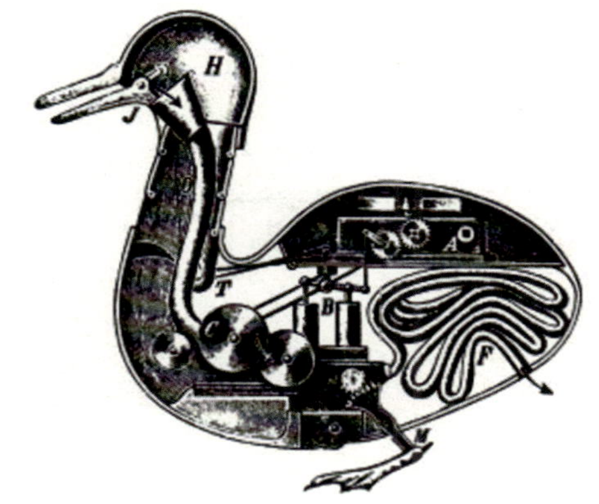

2: Die maschinelle Ente ist ein Produkt des Mechanismus. Sie wurde 1738 konstruiert.

ANSICHTEN UND EINSICHTEN

Vitalismus und Mechanismus

Ist der Organismus eine Maschine oder besitzt er eine Lebenskraft? Die maschinelle Ente wurde 1738 entworfen: Infolge der vor allem durch Isaac Newton aufgekommenen Mechanik wurden sämtliche Vorgänge als Maschine gedacht, auch in der Biologie (Abb. 2).
Gegen die Anschauungen des Mechanismus wendeten sich die Vertreter des Vitalismus. Sie nahmen eine dem Leben immanente Kraft an: die Lebenskraft, „vis vitalis“, eine zielstrebige Größe, die die Entwicklung eines Organismus lenkt. Sowohl Vitalismus wie auch Mechanismus nehmen in ihrem Kern weltanschauliche, wissenschaftlich nicht begründbare (metaphysische) Positionen ein. Beide werden durch Systembetrachtungen mit der Beschreibung von Systemeigenschaften überwunden, die den einzelnen Teilen nicht zukommen: „Das Ganze ist anders als die Summe seiner Teile“ (→ S. 38 f.).

AUFGABEN

1. 1902 wurde die Chromosomentheorie der Vererbung aufgestellt. Sie besagt, dass die Gene sich in den Chromosomen befinden. Erläutern Sie, wie die Chromosomentheorie die Molekulargenetik befruchtet hat.
2. Stellen Sie die Aussagen von Vitalisten und Mechanisten gegenüber und beurteilen Sie, inwiefern die Systemtheorie diese Aussagen widerlegt oder bestätigt (→ S. 38).
3. Auf S. 3 steht eine Reihe von Fragen. Beantworten Sie diese Fragen so, dass eine Schülerin oder ein Schüler der 10. Klasse Ihre Antworten versteht. Die Informationen auf den Seiten dieses Kapitels helfen Ihnen dabei.

https://www.fr-v.de/522003-k1-s19/

BIOLOGIE
19
Berlin
GEHIRNWELLEN
ZUR BEWERTUN
LERNUMFELDES
Jolanda Schumann (17)
Berlin
Dr. Alexander

Naturwissenschaftliches Arbeiten

2

Gibt es reines Beobachten?

Sind Wissenschaftler*innen besonders neugierig?

Wie kommen Forscher*innen zu Ideen?

Wozu führt man Experimente durch?

Welche Rolle spielen Hypothesen?

Sprechen Effekte bei Experimenten für sich selbst?

Naturwissenschaft erfordert Fantasie und Kreativität.

1: Kreativität

Was macht Wissenschaft mit ungewöhnlichen Ergebnissen?

Im Jahre 1972 wurde in einem Krankenhaus in San Francisco eine Patientin aufgenommen, die nach und nach ihr Gedächtnis verloren hatte. Sie litt an der seltenen Creutzfeldt-Jakob-Erkrankung. Krankheiten mit ähnlichen Symptomen können bei Schafen (Scrapie) und bei Rindern (BSE) seuchenartig auftreten. Bis vor 50 Jahren vermutete man einen Virus als verursachenden Erreger. Stanley Prusiner (geb. 1942), ein Neurologe an der University of California, war fasziniert von dem eigenartigen Erreger. Wie er selbst erzählte, las er jede Veröffentlichung, die er zu Creutzfeldt-Jakob und Scrapie finden konnte. Nach weiteren zehn Jahren gelang es ihm, den Scrapie-Erreger zu isolieren, um dessen Zusammensetzung zu bestimmen. Der Erreger bestand im Wesentlichen, wenn nicht sogar ausschließlich, aus Protein. Prusiner nannte dieses Protein Prion (Proteinaceous infectious particle (gr. Partikel [Teilchen]: on). Das Prion (Abb. 2) besitzt keine DNA und RNA. Es ist also kein Virus und kein Lebewesen. Wie konnte ein Protein infektiös wirken? Wie konnte es sich vermehren? Proteine sind schließlich keine Lebewesen wie andere Krankheitserreger. Entsprechend skeptisch war die gesamte Forschergemeinschaft, als Prusiner 1982 seine Ergebnisse veröffentlichte: Der Artikel löste einen „shitstorm" aus. Es gab Kopfschütteln und Proteste, als Prusiner 1997 für die Entdeckung des Prions den Nobelpreis für Medizin erhielt. Dieses Beispiel zeigt, dass Wissenschaft nicht immer geradlinig, sondern in Sprüngen verläuft (→ S. 33).

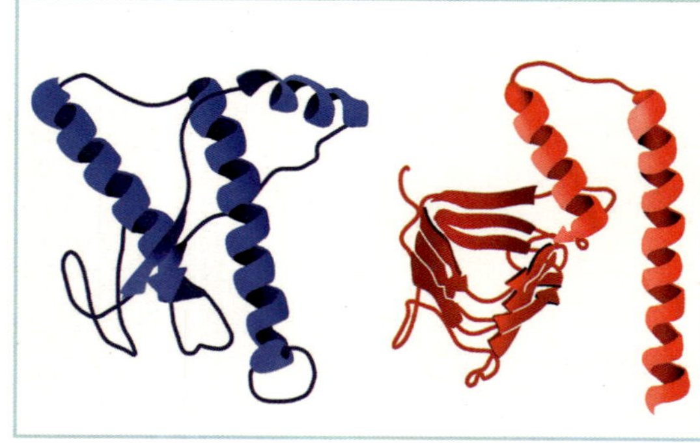

2: Struktur eines normalen Prions (links) und eines krankmachenden Prions (rechts)

Welche Eigenschaften brauchen Wissenschaftler*innen?

Was kann man aus dem Fall Prusiner lernen? Stanley Prusiner war neugierig, ließ sich für das Problem begeistern und war hoch motiviert. Gewissenhaft erarbeitete er sich (Vor-)Wissen. Er besaß eine hohe Autonomie und war offen für neue – ja in der damaligen Forschergemeinschaft unerhörte – Hypothesen, mit denen er seine Vermutungen überprüfen konnte. Aus seinen späteren Äußerungen konnte man annehmen, dass es ihn geradezu anstachelte, das bis dahin geltende Dogma der Molekularbiologie, „nur Lebewesen und Viren sind infektiös", zu widerlegen (Paradigma, → S. 32). Er besaß eine große Frustrationstoleranz, indem er zehn Jahre lang beharrlich experimentierte. Er wollte die alten Vorstellungen überwinden, einen Perspektivenwechsel vorantreiben, auch wenn er bezüglich des Ergebnisses lange unsicher sein musste. Im Entdecken von Neuem, das bis dahin niemand für möglich gehalten hatte und das er geschickt interpretierte, zeigte er Fantasie und Kreativität (Abb. 1). Und letztlich besaß er Darstellungsgeschick, mit dem er das Nobelpreis-Komitee überzeugen konnte.

Welche Rolle spielt der Zufall?

Im Jahr 1990 wurde eine bedeutende Entdeckung gemacht. Genetiker experimentierten mit Petunien. Unter anderem wollten sie Gene in die violett blühende Zierpflanze einschleusen, um die Blütenfarbe zu intensivieren. Das Experiment gelang, jedoch waren die Resultate vollkommen anders als erwartet. Die behandelten Petunien zeigten ausgedehnte Bereiche ohne Farbe (Abb. 3). Auch bei Versuchswiederholungen ergaben sich ähnliche Ergebnisse. Wie waren diese unerwarteten Ergebnisse zu interpretieren? War in den farblosen Bereichen sowohl das pflanzeneigene Gen für die Blütenfarbe als auch die Kopie des eingeschleusten Gens inaktiviert worden? Ohne den Mechanismus aufklären zu können, bezeichneten die Genetiker dieses zufällig entdeckte Phänomen als Ko-Suppression (gemeinsame Unterdrückung). Inzwischen wurde der Mechanismus aufgeklärt: Übertragene kurze RNA-Stücke lagern sich an die m-RNA an und verhindern deren *Translation*. Mit kurzen RNA-Stücken lassen sich so gezielt Gene stilllegen (Gen-Knockdown). Für diese Methode wurde 2006 der Nobelpreis verliehen.

Fantasie und Kreativität werden im Allgemeinen den musisch-künstlerischen Tätigkeiten zugeschrieben, nicht dem wissenschaftlichen Arbeiten. Sicherlich sind Forscher*innen an strenge wissenschaftliche Vorgaben gebunden: an Methoden in Form von genauen Beschreibungen im Vergleich mit ihrem Vorwissen (→ S. 38), an die an Kriterien gebundene Formulierung von Hypothesen und deren methodisch korrekter experimenteller Überprüfung wie auch an selbstkritischer Interpretation (→ S. 28 und 30). Die hier aufgeführten Beispiele zeigen darüber hinaus, dass Wissenschaftler*innen in jeder Phase ihrer Arbeit fantasievolle und kreative Künstler sein müssen: Den Forschungsgegenstand auch mal aus einer anderen Sichtweise betrachten, ungewöhnliche Hypothesen und Experimente wagen und sich bei Interpretationen nicht an das gängige Muster halten (→ S. 22).

3: Petunienblüten mit farblosen (weißen) Bereichen

ANSICHTEN UND EINSICHTEN

Prionen

Krankheitserreger kannte man nur als Organismen oder Viren. Deshalb suchte man bei Prionen nach DNA oder RNA.
Ein Prion ist jedoch lediglich ein Protein aus 253 Aminosäuren, das in zwei unterschiedlichen Faltblatt-Strukturen auftritt (Abb. 2). Prionen kommen vorwiegend im Gehirngewebe vor. In jedem Menschen gibt es für das normale Prion eine entsprechende DNA-Sequenz, sodass in jedem Gehirn Prione in Form von dreidimensionalen Proteinen angereichert sind. Gelangt das Prion (z. B. über die Mundschleimhäute und mithilfe von B-Lymphozyten durch die gestörte Blut-Hirn-Schranke) in Form der krankmachenden Struktur in das Gehirn, führt es dazu, dass sich das normale Prion umfaltet und ebenfalls die krankhafte Struktur annimmt. Es wird eine Kettenreaktion ausgelöst, und immer mehr fehl gefaltete Proteine reichern sich an. Größere Mengen fehl gefalteter Prionen bilden Klumpen von Prion-Proteinen, die sich im Gehirn ablagern. Dies schädigt die Nervenzellen, sodass sie schließlich absterben.

Alles ist möglich. Die Wissenschaftsgeschichte enthält eine Menge überraschender „Entdeckungen“ (→ S. 50).
Die Fähigkeit, kreativ zu denken, macht den Menschen einzigartig. Jeder kann kreativ sein! Verlassen Sie die üblichen Denkwege und Gewohnheiten. Stellen Sie neue Fragen. Lassen Sie sich durch Wissenschaft in Ihrer Fantasie anstecken – gemäß der wunderbaren Aufforderung des Philosophen Friedrich Nietzsche (1844–1900) (in seinem Werk „Also sprach Zarathustra“): *„Man muss noch Chaos in sich haben, um einen tanzenden Stern zu gebären.“*

Beobachten, Beschreiben, Messen: Alles ist Vergleichen.

1: Wie duftet eine Rose?

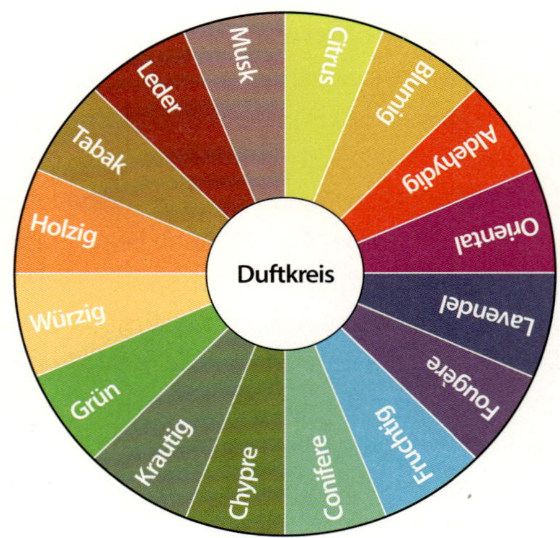

2: Der Duftkreis

Reine Beschreibung: ein Versuch

Eine deutsche Parfüm-Expertin beschreibt den Duft einer Rose so:

„Ein Duft mit einer prickelnd-zitronigen Kopfnote, welche auch bei nicht ganz geöffneter Blüte betört. Vor allem bei voll geöffneter Blüte überwiegt die vollmundige Herznote aus fruchtiger reifer Litschi und weißem Pfirsich, die durch Birnen und Mirabellenaspekte ergänzt wird. Nur ganz zart wirkt die Basisnote durch erdige Aspekte nach frischen Myrthenzweigen."

Können Sie diese Beschreibung nachvollziehen? Stellt sich bei Ihnen eine Geruchswahrnehmung durch diese Beschreibung ein? Versuchen Sie selbst, den Geruch einer Rose zu beschreiben! Geruch ist evolutionär unsere älteste Wahrnehmung. Die entsprechenden Sinnesnerven enden in ganz alten Hirnstrukturen. Deswegen haben wir wohl kein Beschreibungs-Vokabular für Geruch, sondern können nur vergleichen. Die zitierte Geruchsbeschreibung ist voller Vergleiche.

Sicher werden Sie einwenden, dass optische Beobachtungen und Beschreibungen doch eindeutig sind. Nehmen wir das Beispiel Farben: Keineswegs eindeutig ist z. B. die Kennzeichnung „rot". Meint man blutrot, kirschrot, tomatenrot, glutrot oder Ähnliches? Im Internet finden sich 285 Rottöne, wobei Unterscheidungen nach hell und dunkel noch nicht mitgezählt sind. Auch beim Sehen fällt also auf, dass wir nur durch Vergleiche (z. B. „rot wie Blut") beschreiben können. Also müssen wir schlussfolgern: Reines Beobachten bzw. Beschreiben gibt es nicht. Vielmehr können wir nur beschreiben durch vergleichen! Aber, womit vergleichen wir?

Ungenauigkeit und Selbsttäuschung

Unser Gehirn konstruiert individuell unsere Welt. Jeder macht unterschiedliche Erfahrungen. Selbst eineiige Zwillinge unterscheiden sich in ihren Wahrnehmungen und Erfahrungen. Dauernd werden im Gehirn neue Erlebnisse mit vorherigen Erfahrungen verglichen. Durch die individuellen Erfahrungen werden weitere Wahrnehmungen und Erfahrungen bestimmt. Selbstverständlich machen Menschen in einer Gesellschaft ähnliche Erfahrungen. Insofern teilen sie annähernd gleiche Werte. Problematisch kann es dann bei den Deutungen werden, wenn Menschen mit sehr unterschiedlichen Erfahrungen zusammenleben.

„*Das voraussetzungslose Beobachten – psychologisch ein Unding, logisch ein Spielzeug.*" So schrieb bereits vor hundert Jahren der polnische Arzt und Philosoph Ludwik Fleck (1896–1961). Reines Beobachten ohne Vorerfahrungen und -annahmen gibt es also nicht. Keine Beschreibung ist erfahrungs- und deutungsfrei. Wir können nur in Bezug auf unsere Erfahrungen beschreiben bzw. mit diesen vergleichen. Wie können wir Beobachtungen und Beschreibungen uns gegenseitig verständlich machen und zu eindeutigen Aussagen gelangen?

Lösungen des Problems: Maßeinheiten

Menschen haben früh Maßeinheiten und die Methode des Messens eingeführt und praktisch angewendet. Babylonier und Ägypter benutzten zur Längenmessung Arme (Elle), Hände, Finger. Die Zeit wurde vornehmlich nach den Umlaufzeiten von Sonne und Mond eingeteilt. Zur Bestimmung des Volumens wurden Behälter mit bestimmten Pflanzensamen gefüllt und diese nach dem Ausgießen gezählt. Zur Gewichtsmessung wurden ebenfalls Samen oder Steine verwendet. Diese Beispiele machen deutlich, dass von einheitlichen Maßeinheiten noch keine Rede sein konnte. So existierten im 19. Jahrhundert in nur einem Teil Deutschlands allein 112 Ellenmaße. Vor allem der Handel und die Wirtschaft drängten auf vergleichbare Maße. Denn jeder von uns möchte beim Einkaufen nicht betrogen werden: Ein Kilo Hackfleisch soll ein Kilo wiegen.

Ende des 19. Jahrhunderts einigte man sich international auf Bezugsgrößen. Als Ur-Kilogramm wählte man einen 3,9 Zentimeter hohen und 3,9 Zentimeter dicken Metallzylinder, zu 90 Prozent aus Platin und zu 10 Prozent aus Iridium (Abb. 3). Dieser stand seit 1889 unter Glasglocken in einem Tresor des „Internationalen Büros für Maß und Gewicht" (BIPM) in Paris. Für die Ewigkeit, könnte man meinen. Doch das Ur-Kilo wird immer leichter, ohne dass man die Ursache dafür kennt. 50 Mikrogramm hat es seit 1899 verloren (man vergleicht mit 70 offiziellen Kopien weltweit). Dieser Masseverlust ist auf den ersten Blick unbedeutend. Allerdings misst unsere Hightech-Welt inzwischen in Millionstel kleinen Einheiten. Deswegen hat man im November 2018 beschlossen, auch das Kilogramm auf unveränderliche Naturkonstanten zu beziehen, in diesem Fall auf die von Klitzing-Konstante, die in Ohm gemessen wird, mit einer Unsicherheit von $2{,}3 \times 10^{-10}$. Die Konstante ist nach Klaus von Klitzing (geb. 1943) benannt. Der deutsche Wissenschaftler erhielt 1985 den Nobelpreis in Physik.

Auch viele Tiere müssen Entfernungen und Größen abschätzen können, Raben und Papageien können mindestens bis sieben zählen.

Aber nur der Mensch hat Maßeinheiten erfunden und festgelegt.

3: Das Urkilogramm wird geschützt von zwei Glashauben sorgfältig in einem Vorort von Paris aufbewahrt.

AUFGABEN

1. Im Unterricht wird häufig gefordert: Erst beschreiben, dann deuten! Nehmen Sie Stellung dazu.

2. Almbauern kennen ca. 20 Ausdrücke für Schnee, Inuits über 100. Wie viele kennen Sie? Erklären Sie diese Unterschiede in dem Gebrauch von Wörtern.

https://www.fr-v.de/522003-k2-s25/

Mit naturwissenschaftlichen Hypothesen sollen Vermutungen überprüft werden.

1: Leinkraut; oben: normal blütige Form (zweiseitig symmetrisch), unten: radiärsymmetrisch blühende Form

Eine rätselhafte Beobachtung

Carl von Linné (1707–1778), der schwedische Naturforscher, bestimmte systematisch Pflanzen und gab ihnen als Erster heute noch gültige Namen. Beim Echten Leinkraut stellte er zwei Formen fest, die sich in der Blütenform unterscheiden: eine mit einer zweiseitig symmetrischen Blüte (gute Angepasstheit für Insektenbestäubung), die andere mit radiärsymmetrischen Blüten. Diese Blütenformen treten in der nächsten Generation wieder auf.

Linné stand vor einem Rätsel, wie auch nach ihm die Wissenschaftler*innen fast 250 Jahre lang. Mit der neuen Methode der DNA-Analyse untersuchte man in den 1990er-Jahren auch die beiden Leinkraut-Varianten, weil man vermutete, dass DNA-Unterschiede die verschiedenen Blütenformen verursachen. Man fand jedoch keine DNA-Unterschiede. In einer englischen Forschergruppe erinnerte man sich an die Entdeckung, dass der entsprechende DNA-Abschnitt stumm geschaltet wird, wenn Methygruppen an die DNA geknüpft werden. Diese Inaktivierung kann vererbt werden. Die Hypothese der britischen Forscher war, dass dies die beiden Leinkraut-Formen erklärt. Tatsächlich fanden sie an dem Gen, das die Blütenform reguliert, eine Stumm-Schaltung durch Methylierung.

Wissenschaftliche Bedeutung von Hypothesen

Am Anfang des wissenschaftlichen Arbeitens (Abb. 3) stehen Vorerfahrungen, die zu Vermutungen führen. Werden die Vermutungen innerhalb einer naturwissenschaftlichen Theorie begründet und sind sie prinzipiell widerlegbar, so spricht man von Hypothesen. Hypothesen enthalten zusätzlich zum Vorwissen immer einen spekulativen oder intuitiven Anteil. So soll der deutsche Chemiker August Kekulé (1829–1896) die Ringstruktur des Benzols erst erkannt haben, als er geträumt hatte, wie eine Schlange sich in den Schwanz beißt. Erfolgreiche Wissenschaftler*innen setzen neben ihrem Vorwissen auch Fantasie und Kreativität zur Bildung von Hypothesen ein (→ S. 23). Hypothesen betreffen einen bislang unbekannten Zusammenhang. Durch sie können bestimmte Ergebnisse von Beobachtungen und Experimenten vorhergesagt werden. Aus Hypothesen werden also Prognosen abgeleitet.

2: Saatversuche mit Ringelblumen

Wissenschaftliche Hypothesen werden stets gegensätzlich formuliert. Die Alternativhypothese (A) entspricht, die Nullhypothese (N) widerspricht der Erwartung. Mit diesem Verfahren können Prognosen eindeutig durch Beobachtungen und Experimente überprüft werden (→ S. 38). Dabei sind die Kriterien für die Bestätigung und Widerlegung von Hypothesen anzugeben.

In der Physik sind aufgrund der geringen Anzahl an Variablen (veränderbare Faktoren) Prognosen viel leichter einzugrenzen als in der Biologie oder gar in den Sozialwissenschaften. Bei ihnen gibt es meistens eine große Anzahl von Faktoren, die Einfluss auf das Ergebnis haben können. Die Prognosesicherheit hängt also entscheidend von der Vielfalt an Variablen ab. Im Idealfall können durch den Vergleich von Prognosen mit den Versuchsergebnissen die Hypothesen entweder bestätigt oder widerlegt, niemals aber die Wahrheit nachgewiesen werden (→ S. 32). In diesem Sinne werden Hypothesen durch noch so viele bestätigende Ergebnisse nicht verifiziert (bewahrheitet). Widersprechen die Ergebnisse den Prognosen, so werden die zugrundeliegenden Hypothesen entweder verworfen oder so abgewandelt bzw. erweitert, dass ihre Vorhersagen mit den Ergebnissen im Einklang stehen.

Mehrere Hypothesen, die sich nicht widersprechen und empirisch abgesichert sind, können zu einer Theorie zusammengefasst werden. Theorien bleiben dabei aber nichts anderes als ein Hypothesengefüge. Theorien sind also hypothetische Konstrukte.

I Vorerwartungen / Erklärungsbedarf

Ringelblumen wachsen bei Düngerzugabe besser!
Hat Dünger Einfluss auf das Wachstum von Ringelblumen?

II Begründung der Vorerwartungen durch Darlegung der theoretischen Grundlagen

Dünger enthält Mineralstoff-Ionen, die die Pflanze über die Wurzelhaare aufnimmt. Diese Ionen sind entscheidende (Co)Faktoren in Enzymen, die wachstumsfördernde Stoffwechselwege katalysieren.

III Formulierung die Hypothesen

- (N) Null-Hypothese (wider die Erwartung)
- (A) Alternative Hypothese (entsprechend der Erwartung)
- N: Gedüngte und ungedüngte Blumen wachsen mal besser, mal schlechter.
- A: Gedüngte Blumen wachsen besser.

IV Ableitung der Prognosen unter Angabe der Kriterien und Indikatoren

- Gedüngte Ringelblumen sollten deutlich besser wachsen.
- Das Längenwachstum ist das Kriterium.
- Indikator sind im Durchschnitt mind. 5 cm längere Ringelblumen.

V Versuchsbeschreibung

In zwei getrennten Blumentöpfen werden in mineralstoffarmer Erde (Sand) gleich viele Ringelblumensamen gegeben. Nach einer Woche wird ein Blumentopf gedüngt.

VI Versuchsergebnis: Beantwortung der Hypothesen

Tatsächlich wachsen gedüngte Ringelblumen durchschnittlich um mehr als 5 cm höher als ungedüngte. Damit ist A bestätigt, N widerlegt.

3: Wissenschaftliches Arbeiten am Beispiel Saatversuch mit Ringelblumen

AUFGABEN

1. Grenzen Sie anhand Abb. 3 Vermutungen, Hypothesen, Prognosen und Deutungen voneinander ab.
2. Um möglichst viele Vögel rechtzeitig an ein Futterhaus zu locken, wird empfohlen, schon vor dem Winter mit der Fütterung zu beginnen. Der Erfolg dieser Maßnahme ist umstritten. Entwerfen Sie ein Versuchsdesign nach dem Vorbild von Abb. 3.

https://www.fr-v.de/522003-k2-s27/

Experimente sind methodisch gestellte Fragen an die Natur.

1: Petrowitsch Pawlow (Mitte) und sein klassisches Experiment zu bedingten Reflexen

Experimente werden auch als Fragen an die Natur bezeichnet. Wenn wir fragen, erbitten wir Auskunft, suchen nach Antworten. Kann die Natur antworten? Auf den ersten Blick nicht. Sie besitzt ja keine Sprache. Also müssen wir sie zum Sprechen bringen. Aber wie? Wir suchen also nach einer Methode. Durch die Methode des Experimentierens werden Fragen gestellt und es wird etwas erfahren. Experimentum kommt aus dem Lateinischen und bedeutet: das in Erfahrung Gebrachte. Überspitzt wurde das Experiment auch als „Verhör der Natur" bezeichnet.

Ein klassisches Experiment

Wenn Sie Hundebesitzer sind, können Sie vor jedem Füttern beobachten, dass Ihrem Hund Speichel aus dem Maul läuft. Dies hatte auch der russische Physiologe Iwan Petrowitsch Pawlow (1849–1936) bei seinen Hunden im Zwinger beobachtet (Abb. 1). Schon die Schritte des Besitzers lösten Speichelfluss aus, obwohl noch kein Futter in Sicht war. Pawlow vermutete, dass das Geräusch der Schritte, auf das regelmäßig die Fütterung folgte, für die Hunde mit Fressen verbunden war. Der vorher neutrale akustische Reiz (Schrittgeräusch) wurde im Organismus des Hundes mit dem Reiz Futter in Verbindung gebracht. Um diese Hypothese zu prüfen, gestaltete Pawlow 1905 ein Experiment (Abb. 1): Auf die Darbietung von Futter, einem unbedingten Reiz, folgt Speichelfluss (unbedingte Reaktion), auf das Ertönen eines Glockentons (neutraler Reiz) erfolgt nichts. Wenn aber der Glockenton wiederholt in engem zeitlichem Zusammenhang mit dem Anbieten von Futter erklingt (bedingter Reiz), reagieren die Hunde schließlich auf den Ton allein mit Speichelfluss (bedingte Reaktion). Dieses Phänomen bezeichnete Pawlow als Konditionierung.

Wenn-Dann-Zusammenhänge

Obgleich Pawlow meinte, dass die Konditionierung ein vom Gehirn gesteuerter Reflex ist (er sprach von einer „psychischen Sekretion"), forderte er, dass Experimente grundsätzlich ohne solche Vorannahmen zu deuten sind: *„Die erste und wichtigste Aufgabe, die vor uns liegt, besteht also darin, die natürliche Neigung aufzugeben, unsere eigene subjektive Sicht der Dinge auf die Reaktion des Tieres im Experiment zu übertragen, und statt dessen unsere gesamte Aufmerksamkeit darauf zu lenken, die Korrelation zwischen externen Phänomenen und der Reaktion des Organismus zu untersuchen."*

Experimente sind systematische Beobachtungen eines externen Experimentators. Man spricht von einer Black Box-Situation. Der Forscher weiß nicht, ob etwas und was im schwarzen Kasten abläuft. Ihn interessiert nur der Effekt: Wenn das verändert wird, passiert jenes. Man spricht von einer Korrelation. Zur kausalen Deutung braucht man Theorien bzw. Hypothesen (→ S. 18).

Anforderungen an Experimente

Eine eindeutige Versuchsanordnung (Forschungsdesign) ist Voraussetzung, dass jeder andere den Versuch wiederholen kann.

Experimente sollen objektiv (unabhängig von unerwünschten Einflüssen), valide (tatsächlich nur das messen, was gemessen werden soll), reliabel (zuverlässig, ohne Messfehler) und reproduzierbar (jeder muss das Experiment wiederholen können) sein.

Versuchsgruppen werden mit Kontrollgruppen verglichen. Möglichen Einfluss nehmende Gegebenheiten (Variablen) werden vorher bestimmt. Störende Variablen werden konstant gehalten. Das Design wird nur auf die interessierende Variable abgestimmt. Die unabhängige Variable wird vom Experimentator in der Versuchsgruppe verändert; sie ist unabhängig vom Experiment. Die abhängige Variable hängt von der unabhängigen Variable ab und wird gemessen.

Experiment mit Ringelblumen

Das Experiment mit Ringelblumen (→ S. 27, Abb. 3) zeigt beispielhaft die Bedingungen für ein wissenschaftliche Experiment: Es werden begründete Null- und Alternativ-hypothesen formuliert, es gibt eine Kontrollgruppe (ohne Dünger) und eine Versuchsgruppe (mit Dünger) unter gleichen Bedingungen (Ausschalten aller störenden Variablen). Nur eine unabhängige Variable (Dünger) wird verändert. Die eine abhängige Variable (Wachstum) wird gemessen. Der Versuch ist genau, zuverlässig und wiederholbar. Kritisch könnte man einwenden, dass ein möglicher Einfluss des Experimentators nicht ausgeschlossen ist. Dazu dürfte die das Wachstum der Pflanzen messende Person nicht wissen, welche Pflanzen gedüngt wurden.

Man sollte also den Versuch von einer anderen Person ansetzen lassen. Man spricht vom Blindversuch.

2: Korallenbleiche

ANSICHTEN UND EINSICHTEN

Wiederholung von Experimenten

Experimente müssen wiederholbar sein. Allerdings ist die Wiederholung von Experimenten anderer Forscher, die eigentlich für wissenschaftliche Zuverlässigkeit nötig wären, äußerst selten. Der enorme Druck zur Veröffentlichung und im Herbeischaffen von Geld bringen die Forscher dazu, weder Versuche zu wiederholen, denn sie bringen ja nichts Neues, noch negative Ergebnisse zu veröffentlichen. Für beides bieten wissenschaftliche Zeitschriften keinen Raum. Dabei wären wiederholende Experimente wertvoll, denn nur wenn alle Kenntnisse zu einem Phänomen bekannt gemacht werden, kann es wissenschaftlichen Fortschritt und Verlässlichkeit geben. Auch wenn Experimente wertvolle Werkzeuge der Erkenntnisgewinnung in den Naturwissenschaften sind, sind sie nicht der einzige Weg der Erkenntnisgewinnung. In der Biologie sind Beobachtungen, z. B. im Freiland, genauso wichtig.

AUFGABE

1 Die Korallenbleiche ist ein seit einigen Jahren zu beobachtendes Phänomen. Man vermutete einen Einfluss der (gestiegenen) Wassertemperatur. Ein australisches Forscherteam stellte die Hypothese auf, dass die CO_2-Konzentrationen durch Versauerung des Meerwassers das Ausbleichen befördert. Welche Experimente würden Sie durchführen, um diese Hypothese zu überprüfen?

Bedenken Sie:

- Kontroll- und Versuchsgruppen
- Unabhängige und abhängige Variablen
- Prognosen

https://www.fr-v.de/522003-k2-s29/

Ergebnisse sprechen nicht für sich selbst, sie müssen interpretiert werden.

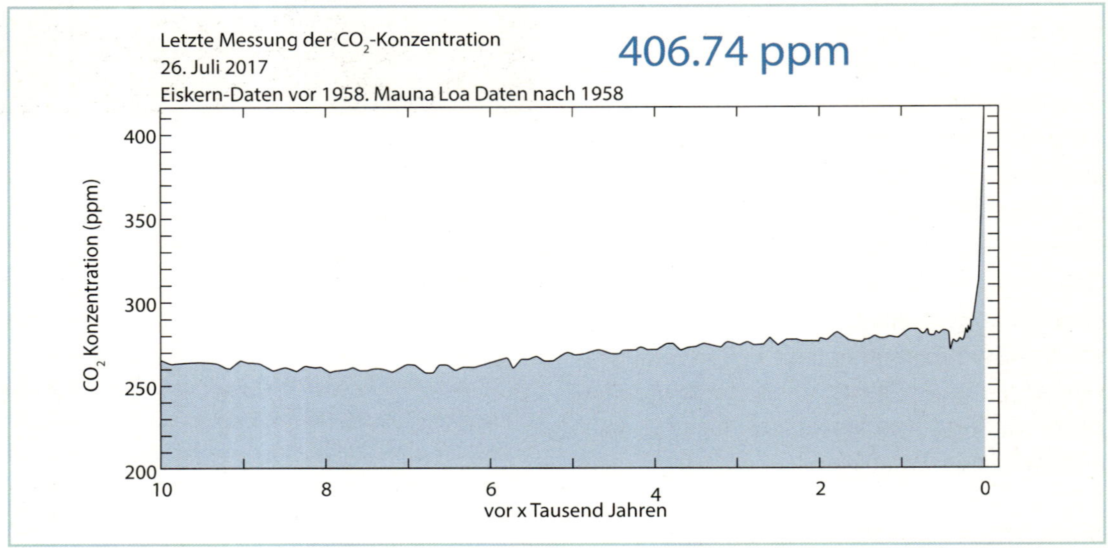

1: Anstieg der Kohlenstoffdioxid-Konzentration in der Atmosphäre in den letzten 10.000 Jahren

Wenn zwei Menschen sich auf dieselbe Untersuchung beziehen, dieselbe Versuchsmethode benutzen sowie dieselben Ergebnisse gefunden haben, dann sollten sie doch zu gleichen Schlussfolgerungen gelangen! Leider ist dem nicht so. Die beim Experiment gemessenen oder beobachteten Effekte sprechen nicht für sich selbst.

Interpretation von Klimadaten

Die Abbildung zeigt die CO_2-Konzentration in der Atmosphäre in den letzten 10.000 Jahren. Sie ist fast über die ganze Zeit konstant. Seit der Industrialisierung vor rund 200 Jahren verzeichnen die Messwerte einen rapiden Anstieg der CO_2-Konzentration. Die Ergebnisse sind eindeutig und in der Wissenschaft nicht bestritten, nur wenige Außenseiter ziehen die Messungen in Zweifel. Der Zusammenhang mit der Industrialisierung legt nahe, dass die CO_2-Konzentration sich durch das Wirken des Menschen rapide erhöht hat. Von einer verschwindend kleinen Minderheit der Wissenschaftler*innen werden Vulkane sowie eine geringere Aufnahme von CO_2 durch Wälder und Ozeane angeführt. Diese Argumente sind jedoch widerlegt.

Parallel zum CO_2-Anstieg wird eine globale Erwärmung gemessen. Das ist eine Korrelation. Der überwiegende Konsens in der Wissenschaft besteht darin, den Temperaturanstieg als Folge der CO_2-Erhöhung zu interpretieren. Wie es aber bei Korrelationen (→ S. 15) der Fall ist, kann man auch umgekehrt argumentieren. Die höhere Temperatur sei Ursache für den CO_2-Anstieg, und das im natürlichen Wechsel zwischen Warm- und Eiszeiten. Es kommt eben auf die Interpretationen an! Die bloße Korrelation kann also die globale Erwärmung durch CO_2-Ausstoß nicht belegen. Physikalisch nachweisbar ist jedoch der gesetzmäßige und damit für die Erwärmung ursächliche Zusammenhang von Absorption und Abstrahlung von Wärme durch die CO_2-Moleküle.

Interessen und Erfahrungen

Interpretationen sind erfahrungsgeprägt und interessengeleitet. Wir urteilen nicht absolut und objektiv, sondern orientieren uns an individuellen Erfahrungen. Das verstandesgemäße, rationale Urteilen ist immer von Gefühlen begleitet. Ja, manche Neurobiologen sind aufgrund von Prozessen im Gehirn davon überzeugt, dass Gefühle unser Urteilen bestimmen. Nur im Nachhinein wären wir in der Lage, rational zu denken, um unser intuitives Urteil zu rechtfertigen. Und Interessen gehören selbstverständlich zu den stärksten Gefühlen. Deshalb überrascht es nicht, dass wissenschaftliche Kontroversen immer dann besonders heftig ausgefochten werden, wenn es um persönliche und wirtschaftliche Interessen der Beteiligten geht.

Transparenz

Auch wenn von Personen, ob aus der Wissenschaft oder nicht, nicht zu erwarten ist, dass sie ihre Interessen offen darlegen, gibt es einige Kriterien, die an redliches wissenschaftliches Interpretieren angelegt werden können und sollten. Transparenz der Forschungsfrage, der Methode, der Ergebnisse und der Deutungen sind am wichtigsten. Forschungsfragen und Versuchsaufbau noch vor Beginn der Versuche zu veröffentlichen, gilt heute als Qualitätsmerkmal von guter Forschung. Zudem sollten Interpretationen deutlich gemacht werden, z. B. indem man schreibt: „Eine mögliche Interpretation der Befunde ist folgende …“. Ferner sollten auch andere Deutungen angeboten werden. Die Deutungen sollten logisch begründet und insofern nachvollziehbar sein. Skepsis zu formulieren, gilt ebenfalls als Qualitätsmerkmal. Wissenschaftler*innen sollten bereit sein, auch Ergebnisse zu veröffentlichen, die ihren Hypothesen widersprechen oder die keine oder geringe Effekte zeigen. Wichtig ist auch, dass dies in die Öffentlichkeit kommt, z. B. in Fachzeitschriften.

Hinterfragen und Kritik zeichnen nicht nur Wissenschaftler*innen aus, sondern sollten auch den wissenschaftlich nicht ausgebildeten Bürger*innen möglich sein. Letztlich aber bleibt uns Laien nur (begründetes) Vertrauen (→ S. 56).

ANSICHTEN UND EINSICHTEN

Marshmallow-Test

Marshmallows (Schaumzucker) sind besonders für Kleinkinder Leckerbissen. Deswegen verwendete der Psychologe Walter Mischel sie für sein berühmtes Experiment in den 1960er-Jahren. Vorschulkinder der Stanford-Universität (Kalifornien) saßen jeweils allein in einem leeren Raum vor einem Tisch mit einem Stück Marshmallow, ein zweites Stück in Sichtweite. Aufgabe war es, mit dem Verzehr zu warten, bis die Leiterin oder der Leiter des Experiments in den Raum zurückkehrte. Es sollte also die Selbstkontrolle der Kinder getestet werden. Man nahm an, dass Kinder, die auf ihre Belohnung warten konnten, im Leben belastbarer und erfolgreicher sein werden: Sie hätten ein besseres Selbstwertgefühl, seien toleranter gegenüber Frustration und Kritik, weniger drogenabhängig und würden bessere Beziehungen und Bildungsabschlüsse erreichen. Diese Annahmen fand Mischel bestätigt, als er nach zehn und 40 Jahren die nun erwachsenen Versuchspersonen wieder untersuchte. Allerdings erreichte er nur 60 der ursprünglich 550 Personen. Von anderen Autoren wurde der Marshmallow-Test wiederholt und 2018 veröffentlicht. Dieses Mal wurde eine Schar von Kindern unterschiedlicher Herkunft, ungleicher Einkommensklassen und verschiedener Bildungsgrade der Elternhäuser getestet und nach 15 Jahren wieder besucht. Es stellte sich dieses Mal heraus, dass die Umgebung, in der die Kinder aufwuchsen, einen viel höheren Einfluss auf die im ersten Versuch angenommenen Eigenschaften und Erfolge im Leben besitzt als das Verhalten im Marshmallow-Test!

Die Geschichte des Marshmallow-Tests weist u. a. darauf hin, wie vorsichtig man bei Interpretationen vorgehen sollte, wie wichtig das Erfassen von Bedingungen (Variablen) und die Wiederholungen von Experimenten sind (→ S. 29).

AUFGABEN

1 Beurteilen Sie die Interpretationen des Marshmallow-Tests, indem Sie die Kriterien für ein gutes Experiment anwenden (→ S. 27). Denken Sie z. B. an Variablen, Versuchsbedingungen, Kontrollgruppen.

2 Informieren Sie sich z. B. im Internet über die verschiedenen Positionen zum Klimawandel. Prüfen Sie dabei die angebotenen Interpretationen nach den oben genannten Kriterien.

https://www.fr-v.de/522003-k2-s31/

Wissenschaftlicher Fortschritt geschieht in Sprüngen.

Gibt es wissenschaftlichen Fortschritt? Diese Frage werden Sie für absurd halten. Denn selbstverständlich wächst die Menge an Wissen dank der weltweiten Forschung exponentiell – und damit auch die Anwendung, nicht zuletzt in der Biologie, Biotechnologie und Medizintechnik. Letztere ist dafür verantwortlich, dass wir alle im Durchschnitt heute sehr viel älter werden als unsere Ahnen. Allerdings hat der wissenschaftliche Fortschritt oft seine widersprüchlichen Seiten, die bewertet werden müssen. Auch ist der Optimismus „was wir heute nicht wissen, wissen wir morgen" in den letzten Jahren durch die Gewissheit begrenzter menschlicher Erkenntnismöglichkeiten bescheidener geworden. Die Wissenschaftstheorie hat mit dem Blick auf die Geschichte der Wissenschaften andere Bilder vom wissenschaftlichen Fortschritt gezeichnet.

1: Karl Popper: *„Methode von Versuch und Irrtum: Es ist die Methode, kühne Hypothesen aufzustellen und sie der schärfsten Kritik auszusetzen, um herauszufinden, wo wir uns geirrt haben."*

Widerlegung von Irrtümern

Der österreichisch-britische Philosoph Karl R. Popper (1902–1994) wollte Wissenschaft eindeutig von Glaubenssätzen (Dogmen) der Nicht-Wissenschaften (wozu er u. a. den Marxismus zählte) abgrenzen. Stark beeindruckt von Albert Einstein, kam er zu dem Schluss, *„dass die wissenschaftliche Haltung die kritische ist"*.

Popper kritisierte die allzu einfache Sicht eines Fortschritts von Beobachtung → Hypothese → Gesetz → Theorie.

Er setzte Folgendes entgegen: Im Wechselspiel von Versuch und Irrtum wird eine Theorie laufend abgeändert, sei es, um neu entdeckte Zusammenhänge zu erklären, oder sei um altbekannte Tatsachen besser erklären zu können. Der Unterschied von Wissenschaft zu Pseudo-Wissenschaft besteht nach Popper darin, dass wissenschaftliche Aussagen empirisch (gr. empeira: Erfahrung) widerlegt (falsifiziert) werden können. Glaubenssätze wie „ich glaube an die Wiedergeburt" oder „ich glaube, es wird morgen regnen" erfüllen diesen Anspruch nicht. Hypothesen können nach Popper nur falsifiziert (lat. falsificare: als falsch erkennen) werden. Dazu reicht eine Beobachtung (→ S. 16). Deswegen können Hypothesen nie verifiziert werden (lat. veritas: Wahrheit), sie können allenfalls als gut bestätigt gelten. Popper setzte durch die Eliminierung (Entfernung) der falschen Hypothesen auf einen bescheidenen wissenschaftlichen Fortschritt. Die Idee der Wahrheit wirkt dabei als ein gedachtes, die Forschung antreibendes, aber nie erreichbares Ziel. Wissenschaft erreicht nicht absolute Wahrheit, sondern ist nur fähig, die gröbsten Irrtümer zu beseitigen. Sicherlich ist der Poppersche Falsifikationismus ein Ideal. Tatsächlich ist es eine interessante Frage an die Praxis, ob Wissenschaftler routinemäßig wirklich versuchen, ihre Ideen zu falsifizieren, oder es doch lieber sehen, wenn sie bestätigt werden.

Denkmuster in der Wissenschaft

Den Fortschrittsoptimismus schränkte auch der US-amerikanische Wissenschaftshistoriker Thomas Kuhn (1922–1996; Abb. 2) ein. Ausgehend von dem Begriff des Denkstils, der das je eigene Denken von Individuen bzw. Menschengruppen umschreibt, führte Kuhn den Begriff des Paradigmas ein (gr. paradeigma: Beispiel, Weltanschauung). Das Paradigma umfasst die Überzeugungen und das aktuelle Wissen der jeweiligen Forschergemeinschaft. Das bestimmt die Struktur der Disziplin: Was und wie geforscht

3: Bei Languren-Affen tötet ein neuer Haremshalter oft die Kinder seines Vorgängers:
a) Der neue Haremshalter (links) attaktiert eine Mutter mit Säugling (rechts), die ältere Schwester (Mitte) versucht, zu verteidigen.
b) Der Haremshalter hat dem Baby den Bauch aufgeschlitzt, schwer verletzt klammert es sich an die Mutter. Wenig später stirbt es.

wird und welche Phänomene, Probleme und Ergebnisse als relevant angesehen werden. Das heißt, Wissenschaft findet wie jedes menschliche Tun in einer sozialen und historischen Situation statt. Die Wissenschaftsgeschichte weist eine Reihe von Revolutionen auf, die keineswegs immer einen Fortschritt gebracht haben. Umwälzungen dieser Art werden solange wie möglich vermieden, indem das Theoriengebäude erweitert und ausgeschöpft wird und nicht erklärbare Phänomene als Anomalien (Abweichung von der Regel) beiseitegeschoben werden. Selbst durch falsifizierte Hypothesen werden die zugehörigen Theorien nicht immer vollständig verworfen. Werden die Widersprüche irgendwann in einem anderen Forschungsansatz ernst genommen, kann es zu einer Krise in der Wissenschaft kommen. Sie kann sich in Form einer wissenschaftlichen Revolution durch die Bildung eines neuen Paradigmas aus der Krise retten. Dabei ist der Wechsel in den Grundannahmen und Deutungsmuster häufig so radikal, dass die alten und neuen Theorien nahezu unvereinbar sind.

2: Thomas Kuhn: *„Science does not develop by the accumulation of individual discoveries and inventions."*

ANSICHTEN UND EINSICHTEN

Paradigmenwechsel in der Verhaltensbiologie

Eine stille Revolution (ohne Krise) fand 1973 im Max-Planck-Institut für vergleichende Verhaltensphysiologie in Seewiesen statt: Die an Arterhaltung orientierte Instinktlehre wurde durch ein alternatives Paradigma ersetzt: die Verhaltensökologie. Sie erklärt Verhalten mit dem genetischen Vorteil der Individuen. Dass es sich um ein neues Forschungsprogramm handelt, kann man am Beispiel der Kindstötung erläutern. Lange war Folgendes bekannt: Wenn männliche Löwen ein Rudel übernehmen, vertreiben sie nicht nur das bisherige Alpha-Männchen, sondern töten auch die jüngsten von ihm gezeugten Babies. Für die Instinktlehre war dieses Phänomen eine unnatürliche Ausnahme, eine Anomalie; also wurde es auch nicht systematisch beobachtet und beachtet. Inzwischen erklärt man in der Verhaltensökologie die Kindstötung damit, dass sich dadurch die eigenen Gene des neuen Alpha-Männchens durchsetzen. Seitdem hat sich die Anzahl der Tierarten, bei denen man Kindstötung beobachtet hat, von zwei auf weit über 100 erhöht – wie z. B. bei Languren (Abb. 3).

AUFGABEN

1. „Ich glaube an den Klimawandel." Prüfen Sie, ob diese Aussage eine wissenschaftliche Aussage nach Poppers Kritik ist.

2. Legen Sie anhand der oben aufgeführten Kriterien den Paradigmenwechsel dar, der durch Prusiner vollzogen wurde (→ S. 22).

3. Auf Seite 21 sind einige Fragen zur naturwissenschaftlichen Erkenntnisgewinnung zusammengestellt. Versuchen Sie, die Fragen so zu beantworten, dass eine Schülerin oder ein Schüler der 9. Klasse die Antworten versteht. Die Informationen in diesem Kapitel helfen Ihnen dabei.

https://www.fr-v.de/522003-k2-s33/

Vorgehensweise in der Biologie

3

Gibt es so etwas wie Lebenskraft?

Können wir komplexe Systeme überhaupt erfassen?

Ist Evolution eine naturwissenschaftliche Tatsache?

Existiert ein biologischer Zweck?

Worin unterscheiden sich lebende und nichtlebende Systeme?

Wie werden naturwissenschaftliche Probleme biologisch angegangen?

Ist Biologie auch eine Geschichtswissenschaft?

Lassen sich biologische Phänomene vollständig durch Chemie und Physik erklären?

Biologie erforscht Gegenwart und Geschichte des Lebens.

Der Begriff Biologie (gr. bios: Leben; logos: Wort, Lehre) ist relativ neu. Erst zu Beginn des 18. Jahrhunderts führte ihn der Bremer Mediziner Gottfried Reinhold Treviranus (1776–1837) in Deutschland ein, zeitgleich auch Jean-Baptiste de Lamarck (1744–1829) in Frankreich.

Treviranus schrieb in seinem Hauptwerk „Biologie oder Philosophie der lebenden Natur für Naturforscher und Ärzte“: *„Die Gegenstände unserer Nachforschungen werden die verschiedenen Formen und Erscheinungen des Lebens sein, die Bedingungen und Gesetze, unter welchen der Lebenszustand stattfindet und die Ursachen, wodurch derselbe bewirkt wird.“*

1: Blutkreislauf und Verdauungssystem nach Ibn an-Nafis (1242)

Seit wann gibt es Biologie?

Selbstverständlich gab es schon vorher in allen Kulturen eine „Wissenschaft vom Leben“. So wurde 1500 v. Chr. in Indien die (heute noch angewandte) Ayurveda-Tradition entwickelt (ind. ayur: Leben; veda: Wissen). Die Gelehrten waren Mediziner, sie hatten zusätzlich auch gute Kenntnis einheimischer Pflanzen und Tiere.

Der griechische Philosoph Aristoteles (384–322) beschrieb 540 Tierarten. Er war davon überzeugt, dass Naturvorgänge zweckorientiert erfolgen und Lebewesen in einer aufsteigenden Hierarchie bis zum Menschen perfekt geordnet sind.

Während im europäischen Mittelalter viele Kenntnisse über Medizin (und Biologie) verloren gingen, bewahrten islamische arabische Ärzte die Tradition (u. a. auch die Werke von Aristoteles). Darüber hinaus entwickelten sie sehr moderne Ideen, wie die der Botanik, Grundlagen des Blutkreislaufs, der Nahrungskette, Evolution und Selektion und nutzten die experimentelle Methode. 1242 entdeckte der arabische Arzt Ibn an-Nafis (1213–1288) die Lungenpassage des Blutes (Abb. 1), die selbst dem europäischen Erforscher des Blutkreislaufs, William Harvey (1578–1657), noch verborgen blieb.

Mit der Renaissance wuchs in Europa das Interesse an den Lebenswissenschaften wieder, vor allem in der Pflanzenheilkunde und der Anatomie des Menschen. Es dominierte ein mechanisches Erklärungsmodell (→ S. 19).

Das 17. und 18. Jahrhundert war geprägt vom Sammeln und Ordnen biologischer Objekte. Carl von Linné (→ S. 26) führte für die Arten der Lebewesen die binäre Nomenklatur ein. Mit der Einführung des Lichtmikroskops wurde die Welt des Kleinen entdeckt. Mit der Idee der Evolution machte man sich Gedanken über große Zeiträume und die Lebensgeschichte der Erde (→ S. 44).

Welche Fragen stellt die Biologie?

Bereits Treviranus stellte das Beschreiben und Erklären aufgrund biologischer Gesetze in den Mittelpunkt (→ Zitat oben). Im 19. Jahrhundert wurde in der Biologie die experimentelle Methode anerkannt (→ S. 28), daneben aber auch die Frage nach dem Zweck in der Natur verfolgt (→ S. 43). So ergibt sich das Spektrum biologischer Fragen (Tabelle 1).

Lässt sich Biologie auf Chemie und Physik reduzieren?

Nach dem Optimismus: „Was wir heute nicht wissen, wissen wir vielleicht morgen“, müssten wir nur intensiv weiterforschen, bis wir jegliche Geheimnisse erklären können. Dabei scheint die Methode vorgegeben: Wir müssten von unseren

geistigen Fähigkeiten „nur" Schritt für Schritt zurückgehen bis zu den Ionenvorgängen in und an den Nervenzellen, dann könnten wir sie erklären. Man nennt dieses zurückgehende Erklären auch Reduzieren bzw. Reduktionismus. Dabei wird ein komplexes Ganzes (z. B. Gehirn) in einfache zu untersuchende Teile (z. B. Neuronen) zerlegt. Aus der Erklärung der einzelnen Teile sollte das Ganze verstanden werden können. Da letztlich alle Vorgänge in der Natur chemische und physikalische sind, müsste man also die Biologie auf Chemie und Physik reduzieren können.
Ein Gedankenexperiment: Versuchen Sie einmal, die einfache Bewegung Ihres Zeigefingers chemisch bzw. physikalisch zu erklären. Schnell wird klar: Eine solche reduzierende „Erklärung" schlägt nicht nur fehl, sondern ist auch vollkommen sinnlos. Bereits in der Chemie sind die Eigenschaften von Stoffen nicht aus den Eigenschaften derjenigen Stoffe abzuleiten, aus denen sie entstehen: Beispielsweise entsteht Wasser aus den Gasen Wasserstoff und Sauerstoff, ist selbst jedoch bei Zimmertemperatur flüssig. Die neue Eigenschaft taucht unvermittelt auf, sie ist nicht auf die Ausgangselemente zurückzuführen. Neue Eigenschaften treten immer dann auf, wenn aus einzelnen Teilen etwas Komplexes gebildet wird. Man spricht von Systemeigenschaften oder Emergenz (→ S. 40). Biologie ist eine Wissenschaft, in der die Gesetze der Physik und Chemie gelten, aber sie ist nicht auf Physik und Chemie reduzierbar.

Komplexität

Die Bereiche der Biologie sind äußerst vielfältiger und komplexer als die von Physik und Chemie (→ S. 38). Zwar behandelt die Physik ganz große Objekte (Kosmologie) und ganz kleine (Quantenphysik), aber die zugrundeliegenden Wechselwirkungen sind meistens wenige. Die Vielfalt der Lebewesen werden wir (leider) nie erfassen. Man muss befürchten, dass durch den Menschen Arten in großer Zahl ausgelöscht werden, bevor sie entdeckt werden. Wissenschaft wird kaum das Ganze erforschen, denn jede Zelle, jedes Organ, jeder Organismus sind unmöglich vollständig zu erfassen. In der Biologie werden daher Einheiten abgegrenzt. Ohne die Komplexität zu reduzieren, sind auch Biowissenschaften unmöglich. Systeme sind Resultate der Reduktion der Komplexität auf wesentliche Elemente und Relationen. Wir sprechen in diesem Sinn von lebenden Systemen (Biosysteme, → S. 40).

Forschungsfrage	Gegenstand	Disziplin
Was gibt es?	Organismen, Phänomene, Strukturen	Morphologie Anatomie Systematik
Wie kommt etwas zustande?	Struktur und Funktion	Molekularbiologie Physiologie Ökologie
Wie ist etwas zustande gekommen?	Geschichte des Lebendigen	Evolutionsbiologie
Welchen Zweck hat ein Verhalten? (Wozu?)	biologische Bedeutung	Verhaltensökologie Soziobiologie
Warum wurde so gehandelt?	bewusstes Handeln	Kognitionsforschung Psychologie

Tabelle1: Forschungsfragen in der Biologie

Geschichte

Die Biologie ist spätestens seit Charles Darwin (1809–1882) zu einer historischen Wissenschaft geworden, die sich mit der Geschichte des Lebens befasst: Lebewesen haben eine Geschichte und mit ihnen ihre Umwelt. Lebensgeschichte ist daher zugleich Erdgeschichte. Wir nennen die Lebensgeschichte Evolution. Indem Biologie die Evolution erforscht und erklärt, ist sie eine historische Naturwissenschaft. Andere historische Naturwissenschaften sind die Kosmologie und die Geologie. All diese haben es nicht allein mit wiederkehrenden und wiederholbaren Prozessen zu tun, sondern auch mit einmaligen Ereignissen. Einmalige Ereignisse sind nicht allein aus Gesetzmäßigkeiten ableitbar. Daher ist die Vergangenheit der biologischen Systeme als (einmalige) Geschichte zu beschreiben. Die naturwissenschaftlichen Methoden lassen sich jedoch auf die Geschichte anwenden (→ S. 44).

Biologie wendet naturwissenschaftliche Methoden auf komplexe Systeme an.

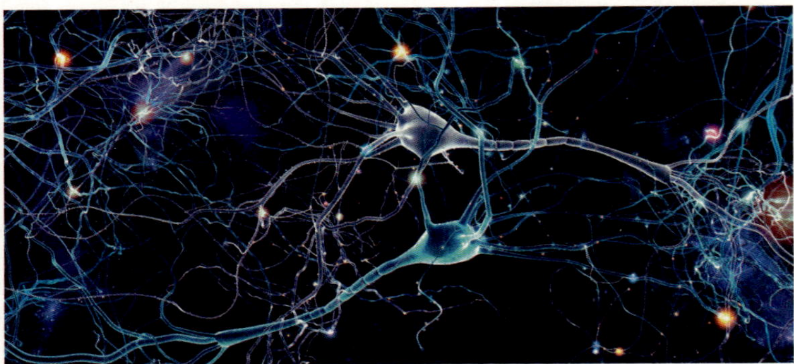

1: Komplexes System: neuronales Netzwerk im Gehirn

Stellen Sie sich vor, Sie wollen eine Fahrradtour machen. Sie stellen fest, dass das Rad einen Platten hat. Sie haben ein Problem. Wie gehen Sie vor?

Das hypothetisch-deduktive Verfahren

Sie rufen sich Ihre Erfahrungen ins Bewusstsein. Der Reifen hat Luft verloren: Das Ventil könnte herausgeschraubt oder sich gelockert haben; der Schlauch könnte ein Loch haben; im Mantel könnte ein Nagel stecken. Sie entwickeln also möglichst einfache und konkrete (nach Faktoren/Variablen getrennte) Hypothesen. Sinnvollerweise werden Sie nicht alle Hypothesen gleichzeitig prüfen, sondern nacheinander – und zwar die einfachen zuerst. Sie werden aus den Hypothesen Überprüfungen wie auch Tests, also Experimente, ableiten (Deduktion): den Reifen aufpumpen, dann das Ventil überprüfen, bevor Sie den Reifen ausbauen usw. Sie werden Ihre Hypothesen bestätigt oder widerlegt sehen. Entsprechend werden Sie den Schaden finden und reparieren. Dieses Problemlöse-Verfahren lässt sich als Abfolge von Vermutungen (Hypothesen) und daraus abgeleiteten Folgerungen (Deduktionen) darstellen (Abb. 2).

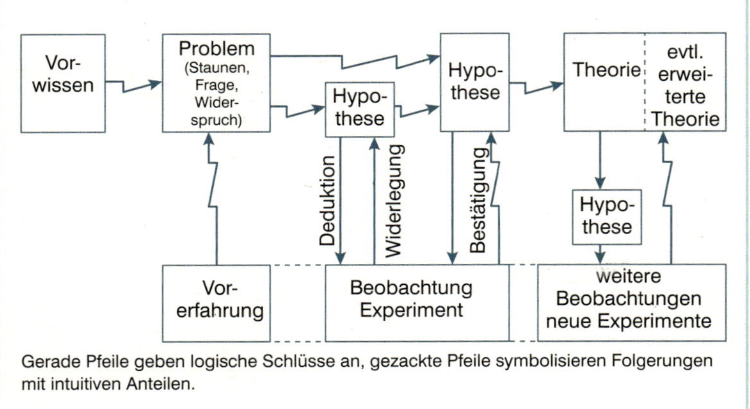

Gerade Pfeile geben logische Schlüsse an, gezackte Pfeile symbolisieren Folgerungen mit intuitiven Anteilen.

2: Hypothetisch-deduktives Verfahren

Das hypothetisch-deduktive Verfahren ist erkenntnistheoretisch als Norm anerkannt: Es schreibt das Vorgehen der Forscher*innen vor. Auf diesem Wege sollen Ergebnisse empirisch (durch Erfahrung) gewonnen werden (Abb. 2). Aus den Hypothesen werden durch Deduktion (→ S. 17) durchzuführende Beobachtungen oder Experimente abgeleitet. Diese bestätigen oder widerlegen die Hypothese. Mehrere bestätigte Hypothesen können zusammengeführt und zu einer Theorie kombiniert werden (→ S. 18).

Komplexe Systeme

Wie eine Nervenzelle direkt auf eine andere wirkt (lineare Kausalität: Ursache → Wirkung), können wir beschreiben und gedanklich erfassen. Die so erfasste Welt ist linear und damit deterministisch (lat. determinare: festlegen): Lichtschalter an → Licht. Bestimmte Vorbedingungen legen ein Ereignis fest. Das menschliche Gehirn besteht aber aus 100 Milliarden Nervenzellen (Abb. 1). Jede ist mit 10.000 anderen Neuronen verbunden. Dieses riesige Netzwerk (ca. 10^{14} Verknüpfungen) gedanklich zu erfassen, ist für uns unmöglich. Dies gelingt nur mit sehr vereinfachten mathematischen Modellen. Stellen Sie sich vor, Sie begegnen einem Wolf (→ S. 34). Dann werden in Ihrem Gehirn optische, akustische und geruchliche Wahrnehmungen mit

3: Starenschwarm

Ihren Erfahrungen und Emotionen verarbeitet. Der Eindruck Wolf wird in einem dynamischen raumzeitlichen Muster von miteinander agierenden Nervenzellen aus verschiedenen Bereichen des Gehirns konstruiert. Letztlich resultiert daraus eine Handlungsentscheidung im Gehirn. Diese ist auf der Ebene der Neuronen nicht vorherzusagen. Obwohl die einzelnen Verbindungen zwischen den Neuronen linear sind (Wenn-Dann-Beziehungen), reagiert das gesamte System nicht-linear. Der jeweilige Zustand des Verbindungs-Netzwerks wird zwar vom unmittelbar vorausgehenden Zustand und vom externen Input bestimmt. Aber immer gleiche Folgezustände sind extrem unwahrscheinlich und eher zufällig.

Chaotische Systeme

Am „Ballett der Stare" können wir uns dieses Paradox klarmachen. Stare sammeln sich im Herbst für den Flug in die Überwinterungsgebiete und sind dann in ihren fantastischen Flugformationen zu beobachten: Wie eine „Wolke" ändern sie rasant schnell Form und Richtung (Abb. 3). Wie kommt dieses Schauspiel zustande? Mit ihren kurzen Flügeln sind Stare in der Lage, kurze schnelle Flugwendungen durchzuführen. Sie orientieren sich im Schwarm an ihren unmittelbaren Nachbarn. Das heißt, die einzelnen Beziehungen sind linear. Es ist jedoch nicht vorhersehbar, wie sich die kleinen Änderungen einzelner Stare auf den gesamten Schwarm auswirken werden: Der Schwarm verhält sich nicht linear, man spricht von einem chaotischen System.

ANSICHTEN UND EINSICHTEN

Vielfältige Praxis

4: Paul Feyerabend

Beobachter von Wissenschaftler*innen wären enttäuscht, wenn sie nach dem hypothetisch-deduktiven Verfahren in den Laboren suchen würden. Vielmehr ist wissenschaftliches Arbeiten ein Mix aus Fantasie, Kreativität, Vorkenntnissen, Ausdauer (→ S. 22). Noch einen Schritt weiter ging der österreichische Philosoph Paul Feyerabend (1924 –1994; Abb. 4) mit seiner Aufforderung an die Wissenschaftler*innen: *„Anything goes!"* Er zog aus seinen Beobachtungen der Wissenschaftsgeschichte den Schluss, dass die großen kreativen Neuerungen, etwa von Kopernikus und Einstein (in der Biologie z. B. von Watson und Crick, die die DNA-Struktur entdeckten), durch kühne, provozierende Hypothesenbildung zustande gekommen sind. Dabei nahm man es mit den anerkannten wissenschaftlichen Regeln nicht immer so ernst. Mit Bezug auf Immanuel Kant formulierte er den Forschungs-Imperativ: *„Habe Mut, dich deines eigenen Verstandes zu bedienen, ohne Rücksicht auf die Normen der wissenschaftlichen Autoritäten!"* Feyerabend zog also aus seiner Interpretation von einigen Beispielen der Wissenschaftsgeschichte den Schluss, Wissenschaft solle sich nicht unbedingt an die allgemein anerkannten Regeln wissenschaftlichen Arbeitens halten. Damit setzte er die Verlässlichkeit, Vergleichbarkeit und Wiederholbarkeit von Wissenschaft aufs Spiel.

AUFGABEN

1 Erläutern Sie, inwiefern eine Schneelawine ein dynamisches, nicht-lineares, chaotisches System ist.

2 Erörtern Sie die Gründe, weshalb die Anschauungen von Paul Feyerabend auf sehr viel Kritik in der Wissenschaft gestoßen sind.

3 Die Erkenntnistheorie behandelt die Frage, wie zuverlässiges, wissenschaftliches Wissen möglich ist. Die Wissenschaftsforschung, untersucht, wie die Wissenschaft in der Praxis durchgeführt wird. Begründen Sie, inwiefern die beiden Wissenschaftsbereiche zu unterschiedlichen Ergebnissen kommen.

https://www.fr-v.de/522003-k3-s39/

Biologie wendet ihre Methoden auf mehreren Systemebenen an.

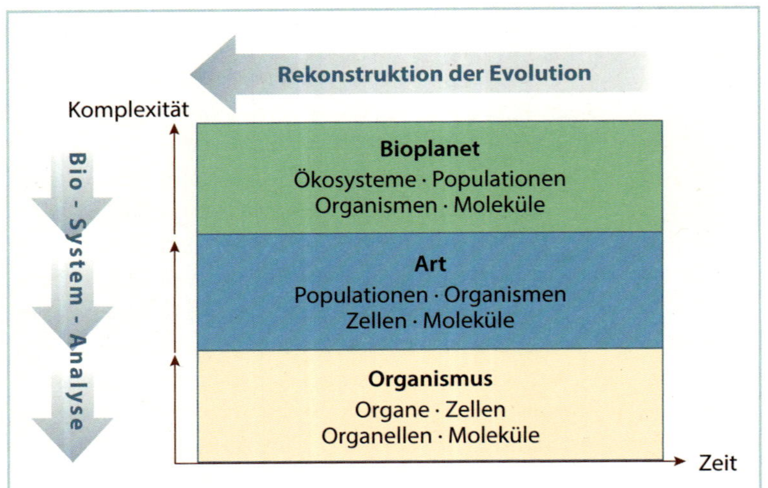

1: Biologie beschreibt und analysiert Systeme auf verschiedenen Ebenen, von Molekülen bis zum Bioplaneten Erde.

Wie kann man komplexe Zusammenhänge wie in der Biologie beschreiben, in den Griff bekommen und sie handhabbar machen? Komplexe Einheiten zeichnen das Reich des Lebendigen aus. Die Biosysteme sind vertikal in Form von Systemebenen zu gliedern wie auch horizontal als Systeme.

Vom Großen zum Kleinen

Überlegen Sie: Wie würden Sie Ihren Körper einteilen, vom Ganzen zum Einzelnen? Sie würden den Körper wahrscheinlich in Körperteile gliedern, in bestimmten Körperteilen dann Organe finden, die aus Zellen bestehen. In den Zellen befinden sich kleine Strukturen (Organellen), die aus Molekülen aufgebaut sind. Damit haben Sie eine, in der Biologie gängige, morphologische (gr. morphé: Gestalt; logos: Lehre) Einteilung der Biologie nachvollzogen – auf der Ebene des Organismus. Diese Art der Einteilung bietet sich in gewisser Weise an, ist aber dennoch eine mehr oder weniger willkürliche Einteilung durch den Menschen. Die Beziehungen der Ebenen sind vor allem durch (bio-)chemische Vorgänge bestimmt.

Biologie betrachtet Systeme auf verschiedenen Organisationsebenen mit jeweils unterschiedlichen Systemeigenschaften (→ S. 37).
Viele Organismen gehören zu einer Population oder Art. Dieses System ist charakterisiert durch Fortpflanzungsbeziehungen: Populationen und Arten sind Fortpflanzungsgemeinschaften. Es ist zweckmäßig, diese Ebene als die nächst höhere über dem Organismus zu bestimmen.
Populationen agieren miteinander in Ökosystemen, mit denen zusammengenommen wiederum das Leben auf unserer Erde als Gesamtheit beschrieben werden kann: Die Erde ist ein vom Leben bestimmter Planet, d.h. ein Bioplanet. Die Beziehungen auf dieser Ebene sind ökologische.
Alle Systeme der Systemebenen haben eine Geschichte: Die Evolution ist das übergreifende Geschehen. Es wird mithilfe der Evolutionstheorie rekonstruiert (→ S. 44 f.).

Welche Eigenschaften haben biologische Systeme?

Genauso hilfreich wie die vertikale Gliederung ist die horizontale: Man spricht von Systemen. Ein System wird definiert als eine Gruppe von Dingen (Elementen), die miteinander in Wechselbeziehungen (Relationen) stehen. Ein System hat andere Eigenschaften als seine Teile. Das Ganze (das System) ist anders als die Summe seiner Teile. Die Systemeigenschaften sind nicht aus den Eigenschaften der Teile ableitbar. Daher spricht man bei plötzlich auftretenden Eigenschaften auch von Emergenz (lat. emergere: auftauchen). Mit den Grenzen von Systemen gibt man an, welche Elemente und Relationen zu einem System gehören und welche nicht. Die Grenzen von Systemen sind nicht natürlicherweise vorgegeben, sondern werden im Erkenntnis- oder Nutzungsinteresse gezogen. Ein Beispiel ist die ökologische

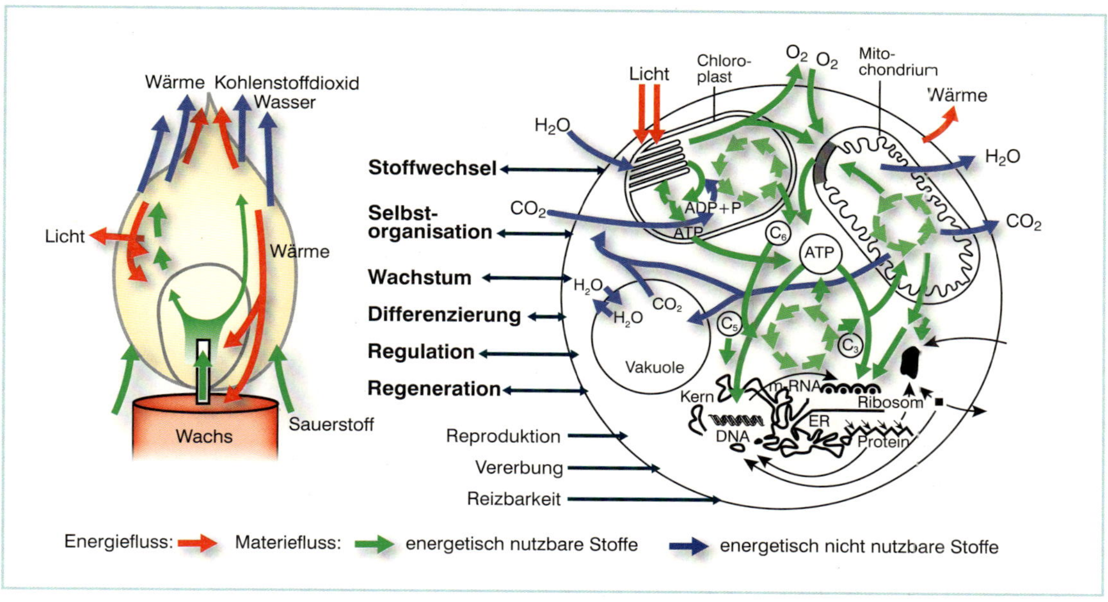

2: Analogie zwischen Kerzenflamme und Organismus. Die Kerzenflamme zeigt Selbstorganisation und Differenzierung, indem sie ihre Zonen aufbaut. Sie regeneriert sich nach Zerstörung und reguliert ihre Größe.

Untersuchung eines Sees: Soll nur die See-Oberfläche untersucht werden? Wie tief soll eine Wassersäule untersucht werden? Oder ist der gesamte Wasserkörper zu prüfen – und das unter Einbeziehung des Bodens oder der Atmosphäre? Außerdem steht der See im Austausch mit Elementen außerhalb der Systemgrenzen (wie Niederschlag, Zufluss und Abfluss von Wasser, Hinein- oder Hinausgehen von Lebewesen). Damit wird deutlich, dass der See kein geschlossenes System ist. In der Biologie kommen nur offene Systeme vor. Offene Systeme sind solche, die Stoffe und Energie mit ihrer Umgebung austauschen. Unter bestimmten Umständen sind offene Systeme in der Lage, sich selbst zu organisieren und sich selbst zu erhalten. Eine systemtheoretische Definition von Leben lautet: Leben besteht in den Prozessen von Systemen, die sich fernab vom thermodynamischen Gleichgewicht selbst organisieren und strukturieren.

Halten sich die Ein- und Ausströme von Stoff und Energie bei einem System die Waage, so spricht man von einem Fließgleichgewicht.

Ein einfaches (nicht biologisches) Beispiel für ein offenes System im Fließgleichgewicht ist die Kerzenflamme (Abb. 2): Bei ruhigem Brennen bleibt ihre Gestalt im Wechsel der Bestandteile erhalten, Materie-Einströme (Kerzenwachs, Sauerstoff) und Materie-Ausströme (Kohlenstoffdioxid, Wasser) halten sich die Waage.

Organismen sind ungleich komplizierter als das System der Kerzenflamme (Abb. 1). Aber auch sie durchfließt ein ständiger Materie-Strom (Nahrungsaufnahme, Ausscheidung, Atmung).

AUFGABEN

1 **Beschreiben Sie an Ihrem Körper die Lebensprozesse als Fließgleichgewichte.**

2 **Erörtern Sie, ob und wann sich Lebensprozesse Ihres Körpers nicht im Fließgleichgewicht befinden. Vergleichen Sie diese Prozesse mit den entsprechenden bei der Kerzenflamme.**

3 **Versuchen Sie, das gesellschaftliche bzw. politische Geschehen nach Systemebenen einzuteilen.**
Suchen Sie auch zwischen diesen Systemebenen nach jeweils eigenen Systemeigenschaften (Emergenzen).

https://www.fr-v.de/522003-k3-s41/

Biologie wendet ihre Methoden zur Erklärung von Verhalten an.

1: Ziesel

2: Sterile Arbeiterinnen pflegen die Königin.

Ziesel leben im Westen der USA gefährlich: Greifvögel, Dachse, Kojoten, Marder und Wiesel sind ihre Feinde. Nähert sich ein Bodenfeind der Ziesel-Gruppe, stößt eines der Tiere einen Alarmruf aus, sodass sich alle Artgenossen in Sicherheit bringen können. Untersuchungen ergaben, dass 10% der warnenden Ziesel gefressen wurden und dass 50% der gesamten Todesfälle auf warnende Tiere fielen. Warum riskieren diese Tiere das lebensgefährliche Warnen? Das Problem besteht darin, dass scheinbar selbstloses Verhalten entsteht.

Darwins Problem

Wie kann die natürliche Selektion Insekten-Staaten (Bienen, Ameisen, Wespen) hervorgebracht haben, in denen alle Weibchen steril sind?

Eine Erklärung dazu verdanken wir Charles Darwin (1809–1882). Er vermutete, dass Evolution durch Selektion verursacht wird. Erblich bedingte Unterschiede (Variationen) führen zu einem ungleichen Fortpflanzungserfolg. Besser angepasste Lebewesen haben einen höheren Fortpflanzungserfolg. Man spricht bei dem individuellen Fortpflanzungserfolg von der Darwin-Fitness. Demnach sollte selbstloses, uneigennütziges Verhalten nur vorkommen, wenn es in der Selektion „belohnt" wird. Nur dann sollten Weibchen auf eigene Fortpflanzung verzichten. Darwin selbst erkannte diese Schwierigkeit seiner Theorie: Uneigennütziges Verhalten kann nicht leicht erklärt werden, obwohl es in der Natur häufig vorkommt. Man nennt dieses Verhalten auch altruistisch (lat. alter: der andere). Darwin vermutete, die Lösung des Problems könnte in der Verwandtschaft der Tiere liegen.

Verwandtschaftsselektion

Die Verwandtschaftsverhältnisse sind unter Bienen besondere. Schwestern sind untereinander enger verwandt als Töchter mit ihren Müttern. Das bedeutet: Ein Bienenweibchen hat bei der Aufzucht von Schwestern eine deutlich höhere Chance, dass seine Gene weitergegeben werden, als wenn es eigene Töchter bekommt. Darin besteht der Fortpflanzungserfolg der sterilen Schwestern im Bienenstock. Man spricht von indirekter Fitness durch Verwandtschaftsselektion. Diese betrifft die Gene, die mit denen von nahen Verwandten übereinstimmen und daher durch sie in die nächste Generation weitervererbt werden.

Wie sind die Verwandtschaftsverhältnisse in den sozialen Gruppen von Zieseln? Diese kann man genauestens bestimmen, seitdem die Molekulargenetik die Methode des genetischen Fingerabdrucks eingeführt hat. Die Gruppen bestehen fast ausschließlich aus nahe verwandten Ziesel-Weibchen. Die Männchen sind fremd, also nicht nah verwandt.

Aus der Hypothese, dass uneigennütziges Verhalten dann auftritt, wenn Verwandten geholfen wird, kann man Voraussagen zum Warnverhalten der Weibchen und Männchen machen: Weibliche Ziesel sollten häufiger warnen als männliche. Diese Hypothese konnte auch bei anderen Tieren bestätigt werden: Uneigennütziges Helfer-Verhalten wird nicht beliebigen Artgenossen entgegengebracht, sondern nah verwandten Tieren. So hatte schon Darwin sein Problem gelöst: Arbeiterinnen sind mit der Königin verwandt und geben so ihre Anlagen durch die Königin weiter. Es geht eben nicht nur um die direkten Nachkommen (direkte Fitness), sondern ebenso wichtig ist die indirekte Fitness über Verwandte.

Allerdings gibt es nicht nur die Verwandtenselektion: Enge Bindungen, die auf gegenseitiger Hilfe der Partner beruhen, haben ähnliche Wirkung: Beide haben bei Gegenseitigkeit eine größere Fitness.

Biologischer Zweck

Wozu gibt es Helfer-Verhalten? Mit Fragen dieser Art sucht man nach dem biologischen Sinn oder Zweck des Verhaltens. Wenn dies im Sinne der Darwinschen Evolutionstheorie geschieht, betrifft die Frage jedoch die Ursachen für die Erhaltung und Ausbreitung dieses Verhaltens. Danach haben sich nur die Merkmale im Laufe der Evolution durchgesetzt, die einen Überlebensvorteil und somit einen größeren Fortpflanzungserfolg bewirkten. Eigentlich richtet sich die Frage also an einen früheren Selektionsvorteil, der in der Geschichte der Art aufgrund der Lebensbedingungen wirkte (→ S. 45). Bei der Frage nach dem Zweck eines Verhaltens nimmt man der Einfachheit halber an, dass sich die Selektionsbedingungen kaum oder nicht verändert haben. Die Frage nach dem Zweck führt jedoch leicht zu Missverständnissen, weil wir Zweck-gerichtetes Handeln vorwiegend von Menschen kennen. Wir handeln (meistens), um ein Ziel zu erreichen. Dies tun auch Tiere (beispielsweise Menschenaffen, Delfine, Raben). Aber sie taxieren die Verwandtschaft ihrer Artgenossen nicht und sie rechnen auch nicht ihre direkte und indirekte Fitness bewusst aus, um ihr Verhalten danach auszurichten. Fragen nach dem biologischen Zweck besitzen einen großen heuristischen Wert (→ S. 19), der insbesondere von der Verhaltensökologie oder Soziobiologie genutzt wird.

ANSICHTEN UND EINSICHTEN

Tiere verhalten sich nicht zum Wohle der Art.

Bis vor 20 Jahren war die Theorie verbreitet, Tiere würden sich zum Wohl der Arterhaltung verhalten, ja, sich sogar aufopfern. Zum Beispiel würden sich Lemminge zugunsten der nicht mitgewanderten Artgenossen ins Meer stürzen.

Dieser Massenselbstmord sei insofern arterhaltend, weil die wenigen überlebenden Lemminge unter den begrenzten Ressourcen bessere Überlebensmöglichkeiten hätten. Ist diese Hypothese im Sinne der Selektionstheorie konsequent? Der Karikaturist Gary Larsson hat das Problem auf den Punkt gebracht: Wenn ein Lemming sich nicht im Sinne der Arterhaltung, sondern „egoistisch" verhalten, hier also „einen Rettungsring tragen" würde, hätte sich arterhaltendes Verhalten nicht durchgesetzt. Die These vom arterhaltenden Verhalten ist in keinem Fall bestätigt worden, sie ist biologisch Unsinn.

AUFGABEN

1 Erklären Sie den Infantizid (→ S. 33). Beachten Sie dabei, dass die die alpha-Position übernehmenden Männchen eine durchschnittliche Herrschaftszeit von zwei Jahren haben. Weibchen wehren sich gegen die Kindstötung. Erklären Sie auch dieses Verhalten.

2 Erklären Sie, warum das uneigennützige Helfer-Verhalten in genetischer Sicht egoistisch ist.

3 „Du bist nichts, dein Volk ist alles" – diesen Appell versuchten Nationalsozialisten biologisch mit dem Prinzip der Erhaltung von Rasse und Art zu begründen. Erörtern Sie diesen Anspruch anhand der Informationen dieser Seite.

https://www.fr-v.de/522003-k3-s43/

Biologie wendet naturwissenschaftliche Methoden auf die Naturgeschichte an.

Tyrannosaurus rex war einer der größten fleischfressenden Saurier. Sein Image als gefährliches Raubtier erwarb er durch Hollywood-Filme, in denen er seiner Beute hinterher sprintete. Auch wenn seine Beinmuskulatur imponierend war, errechneten Forscher, dass sie nicht für schnelles Laufen geeignet war. Wovon ernährte er sich unter diesen Bedingungen? Die Hypothese lautet: Er war Aasfresser. Sie kann anhand der Rekonstruktion der Fossilienfunde vom Gebiss bestätigt oder widerlegt werden. Denn Aasfresser haben ein Gebiss mit starker Hebelwirkung, da sie mit ihm auch Knochen zermalmen. Zu diesen Schlussfolgerungen kommt man, wenn man z. B. Hyänen studiert. Dabei nimmt man an, dass damals dieselben Prinzipien galten. Diese Annahme nennt man Aktualitätsprinzip. Bei diesem hypothetisch-deduktiven Vorgehen (→ S. 38) betreffen die Aussagen nicht die Zukunft, sondern die Vergangenheit. Man nennt sie Retrodikte (Abb. 1).

Historische Erklärungen

Das Antibiotikum Penicillin hemmt die Synthese der Zellwände von Bakterien, sodass diese sich nicht mehr vermehren können. Durch diese Entdeckung hoffte man, u. a. die tödliche Lungenentzündung besiegen zu können. Tatsächlich tauchten aber bald Mutanten unter den bakteriellen Krankheitserregern auf, die resistent gegenüber Penicillin sind. Es stellt sich die historische Frage: Wie kam es zu dieser Resistenz? Hat etwa das Antibiotikum die Resistenz bewirkt? Für die richtige Antwort gibt es ein überzeugendes Experiment (Abb. 2).

Von einer Bakterienkolonie wird mit einem Samtstempel ein Abdruck genommen. Dieser wird auf drei verschiedene Platten mit einem Penicillin-Medium gedrückt. Wenn Penicillin die Resistenz bei den Bakterien hervorruft, müssten sie wahllos an vielen Stellen wachsen. Sie wachsen jedoch nur an einigen, und zwar bei allen Platten an denselben Stellen. Die auf diese Stellen übertragenen Bakterien müssen schon

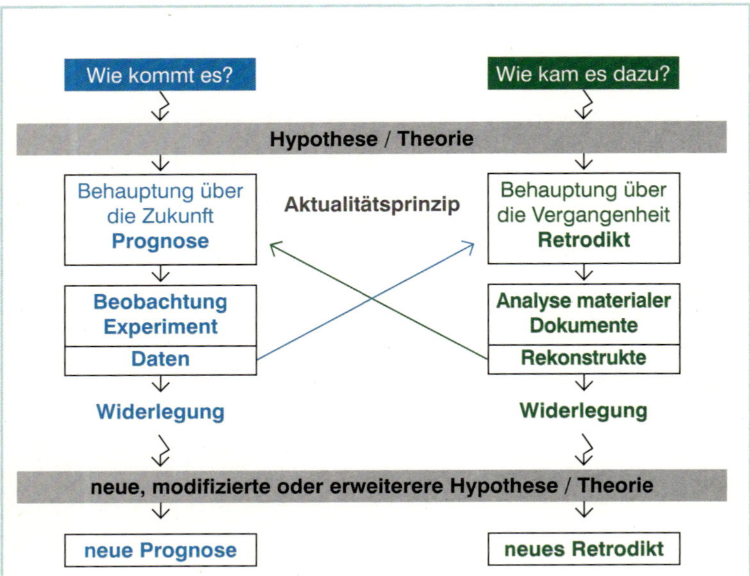

1: Hypothetisch deduktives Verfahren bei gegenwärtigen und historschen Ursachen

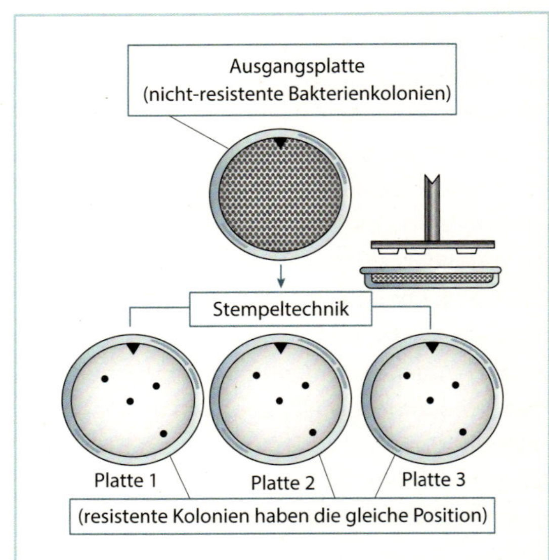

2: Stempelversuch mit Bakterien

vor dem Überstempeln resistent gewesen sein. Das Überleben der resistenten Bakterien wird also durch ihre Vorfahren erklärt: aus deren Geschichte. Historische Erklärungen zeichnen die Biologie unter den Naturwissenschaften aus. Diese Besonderheit beruht darauf, dass Lebewesen eine Geschichte haben. Durch die Evolutionstheorie ist die Biologie eine historische Naturwissenschaft. Aus der Evolutionstheorie abgeleitete Hypothesen können – wie beim Gebiss von Tyrannosaurus und wie beim Stempelversuch – durch Experimente bestätigt oder widerlegt werden (Abb. 1).

Erklärung durch Selektion

Warum besitzt der Eisbär ein weißes Fell? Die physiologische Frage wird dadurch beantwortet, dass man darauf verweist, dass die pigmentlosen Haare das Sonnenlicht vollständig reflektieren Diese Antwort bezieht sich auf gegenwärtig wirkende Ursachen. Sie heißen proximate Ursachen. Dabei bedient sich die Biologie der Physik oder Chemie als Hilfswissenschaften (→ S. 37).
Die historische Warum-Frage (Wie ist etwas zustande gekommen?) kann man seit Kurzem ebenfalls beantworten. Man fand Fossilien ältester Eisbären. Aus der Analyse deren Genoms konnte man ableiten, dass sich Eisbären vor ca. 150.000 Jahren aus gemeinsamen Braunbär-Vorfahren entwickelten.
Zu der Zeit, vor 150.000 Jahren, gab es eine globale Erwärmung. Dies führte, so die Hypothese, zu einem starken Populationswachstum und Konkurrenz. Diejenigen Bären, die durch Mutation ein helleres, weißes Fell entwickelten, waren bevorteilt, weil sie in der stärkeren Konkurrenz auf den geringer werdenden Eisflächen gut angepasst waren. Den Prozess, bei dem eine Form in der Konkurrenz einen Fortpflanzungsvorteil hat, nennt man Selektion. Die historische Frage bezieht sich also auf geschichtliche wirkende Ursachen. Weil sie ferner liegen, heißen sie ultimate Ursachen.
Die Selektionstheorie fragt danach, welche Lebewesen überleben. Antwort: Die Best-Angepassten! Wer sind die Best-Angepassten? Häufige Antwort: Die Überlebenden! Auf diese Weise wird jedoch nichts erklärt, sondern nur umgedreht wiederholt: eine Tautologie (gr. tauto: dasselbe, logein: sagen). Mit einer solchen Antwort widerspräche die Selektionstheorie den Anforderungen an eine Theorie: Sie enthielte nur einen Zirkelschluss, ließe sich nicht falsifizieren und liefere keine Erkenntnis-erweiternden Prognosen.
In Aussagen zur Selektion sind allerdings Aussagen zu den Lebensbedingungen eingeschlossen, die sich durch Beobachtung empirisch überprüfen lassen (empirisch, vgl. → S. 38).
Unter spezifischen Bedingungen kann also das Überleben von Individuen mit bestimmten Eigenschaften angenommen werden. Diese Hypothese kann bestätigt oder widerlegt werden. Damit ist der Vorwurf der Tautologie abgewiesen: Die Selektionstheorie erfüllt alle Bedingungen an eine naturwissenschaftliche Theorie.

3: Eisbären stammen von Braunbären ab.

AUFGABEN

1. Karl Popper (→ S. 32) war gegenüber der Evolutionstheorie zunächst skeptisch eingestellt, weil sie nicht durch Experimente falsifiziert werden kann. Später revidierte er sein Urteil. Geben Sie an, welche Gründe er vermutlich dafür hatte.

2. Wale, so vermutet man, haben sich vor 30–40 Millionen Jahren aus landlebenden Vierbeinern entwickelt. Formulieren Sie Retrodikte zur Evolution der Wale.

3. Auf Seite 34 sind einige Fragen zusammengestellt. Versuchen Sie die Fragen so zu beantworten, dass eine Schülerin oder ein Schüler der 9. Klasse Sie versteht. Die Informationen in diesem Kapitel helfen Ihnen dabei.

https://www.fr-v.de/522003-k3-s45

It's not a game
TRUST IN SCIENCE
It's our future!
Wer nichts weiß, muss alles glauben.

Naturwissenschaft ist Teil der Kultur

4

Sind Forscher Erfinder?

Dürfen wir alles, was wir können?

Ist Technik Fluch und Segen zugleich?

Hat wissenschaftliche Erkenntnis Grenzen?

Welches ist die Bringschuld der Wissenschaft?

Sind Wissenschaftler*innen besondere Menschen?

Wissenschaft wird von Menschen für Menschen betrieben.

1: Craig Venter (Sequenzierungs-Firma Celera), Bill Clinton (US-Präsident von 1993–2001) und Francis Collins (Leiter des Human Genome Projects) verkünden 2000 den Abschluss der Sequenzierung des menschlichen Genoms.

Der Mensch ist von Grund auf neugierig. Wissen-Wollen gehört zur menschlichen Natur und Kultur. Kultur entsteht durch menschliches Handeln. Der Mensch verändert die Welt und bestimmt seit langem die Geschichte der Erde. Die Folgen sind meistens umfassend, wie sich am Beispiel Klimawandel zeigt. Wir sind in der Lage und sogar gefordert, über die Konsequenzen unseres Tuns nachzudenken.

Warum müssen wir wissen?

Handeln ohne Wissen ist fahrlässig, nicht nur in der Klimapolitik. Wissen, ohne zu handeln, ist verantwortungslos. Wissenschaft muss sich stets und andauernd rechtfertigen (→ S. 56). Das durch naturwissenschaftliche Erkenntnisse bereitgestellte Wissen ist entscheidend für unsere Zukunft.

Arbeiten Wissenschaftler*innen einzeln oder im Team?

Weder Darwin noch Einstein oder weitere Forscher*innen entwickelten ihre bahnbrechenden Theorien allein. Unsere Vorstellungen zu ihren Leistungen sind falsch geprägt, weil die *Relativitätstheorie* wie auch die Evolutionstheorie immer nur mit ihren Namen verbunden werden. Tatsächlich bat Einstein seinen Freund, den Mathematik-Professor Marcel Grossmann um Hilfe: „*Marcel, Du musst mir helfen, sonst werd' ich verrückt!*"

Und Charles Darwin (1809–1882) erfuhr erst durch den Ornithologen John Gould, dass die Vögel der gesammelten Präparate eng miteinander verwandt sind. Sie bilden eine eigene Gruppe, die heute Darwinfinken genannt werden.

Die Vorstellung vom Forschenden als Einzelnen war nie angemessen und ist längst überholt. Auch wenn z. B. mit dem Nobelpreis einzelne Personen gewürdigt werden, sind ihre Erfolge heute immer Leistungen eines Teams. Forschende müssen im Team arbeiten, denn sehr viele wissenschaftliche Probleme sind zu komplex, selbst für Genies wie Einstein.

Wie arbeiten Wissenschaftler*innen zusammen?

Zudem benötigt Forschung umfangreiche finanzielle Mittel, die ein Einzelner kaum auftreiben kann. Deshalb werden Forschungen heutzutage in großen Projekten mit verschiedenen Institutionen in getrennten Orten und Ländern durchgeführt. Man steht untereinander weltweit im dauernden Kontakt, z. B. über Kongresse, Diskussionen, E-Mails, Veröffentlichungen. Forscher arbeiten in Teams in einer Gemeinschaft (community) aus gleichgesinnten Kolleginnen und Kollegen.

Ein herausragendes Beispiel in dieser Hinsicht war das Human Genome Project (HGP). Der internationale Forschungsverbund (rund 1.000 Wissenschaftler aus 40 Ländern) wurde 1990 von den USA ausgehend gegründet. Das Ziel dieses durch öffentliche Gelder finanzierten Forschungsverbunds war es, alle Gene des Menschen zu identifizieren. Parallel dazu arbeitete daran ein privates Unternehmen namens Celera. Es gab ein Wettlauf um die „Entschlüsselung“ des menschlichen Genoms, die 2000 mit einem großen Presse-Echo im Beisein des Präsidenten Clinton verkündet wurde (Abb. 1). Der Wettstreit zwischen beiden Institutionen endete erst 2003, als das Genom nahezu vollständig sequenziert und im Internet veröffentlicht wurde. Man meinte 15.000 bis 20.000 Gene bestimmt zu haben. Dabei zeigte es sich sehr schnell, dass man zwar die Basensequenzen kannte, aber keinesfalls Gene. Denn die Wechselwirkungen zwischen DNA, RNA, Proteinen und Zellplasma sind so komplex, dass man keine einfachen Ursache-Wirkungs-Beziehungen (→ S. 14) zwischen Basenreihenfolgen und Eigenschaften beschreiben bzw. in Zusammenhang bringen konnte. Insofern wurden alsbald neue internationale Forschungsprojekte gestartet, die versuchen, dieses genannte System zu beschreiben. Diese Forschungen laufen noch.

Warum Geld für Forschung ausgeben?

Forschung ist teuer. In der Anwendungsforschung (z. B. zur Arzneimittel-Entwicklung) engagieren sich auch Industrie und Wirtschaft. Solche Auftragsforschung ist von Interessen der Auftraggeber abhängig. Die Grundlagenforschung wird zum größten Teil von Steuergeldern finanziert. Da diese generell auch für wohltätige Zwecke ausgegeben werden könnten, muss die Gesellschaft bzw. die sie vertretende Politik bzw. Verwaltung zwischen verschiedenen Zwecken abwägen. Sie kann dies nur, wenn Wissenschaft die Bedeutung ihrer Forschung erklärt, am besten dadurch, welcher Erkenntnisgewinn zu erwarten ist. Ohne Grundlagenforschung gibt es keine Anwendungsforschung und somit auch keine technische Nutzung (→ S. 50).

Allerdings kann Grundlagenforschung nur ganz selten mögliche neue Entdeckungen und Anwendungen vorhersagen. Wenn man dies könnte, müsste man ja nicht danach forschen. Nicht zuletzt ist der Wissenszuwachs umso größer, je weniger man weiß. Forschung muss Freiheit und Offenheit haben (→ S. 52), nur so kann sie ihre Kreativität zugunsten des wissenschaftlichen Fortschritts entfalten (→ S. 32). Allerdings steckt darin auch die Gefahr, dass die Forschungsfreiheit missbraucht wird, wenn z. B. gefälschte Ergebnisse publiziert, (→ S. 54) und zumindest zwiespältige, wenn nicht sogar ethisch kritische Experimente durchgeführt werden (→ S. 57). Deshalb muss Forschung sich an die selbst aufgestellten methodischen und ethischen Regeln halten. Sie werden zunehmend von sogenannten Ethik-Räten begutachtet.

Für das Bild der Wissenschaft ist der Dialog zwischen Bürgern und Wissenschaft wesentlich, die: Wissenschaftskommunikation.

Letztlich muss der mündige Staatsbürger Forschung verstehen und bewerten können. Auch wenn es nicht immer einfach ist, interessant und notwendig ist es allemal (→ S. 59 ff.).

2: Bilder eines Wissenschaftlers: Karikatur und Foto von Albert Einstein (1879–1955)

ANSICHTEN UND EINSICHTEN

Personen der Wissenschaft

In der Öffentlichkeit (z. B. in Filmen) werden Wissenschaftler*innen extrem gegensätzlich dargestellt: Einerseits die positiv besetzte Figur des zerstreuten Professors, ein schrulliger, aber liebenswerter Eigenbrötler, andererseits der egoistische, gewissenlose und machtbesessene Weltverbesserer – immer im weißen Laborkittel und immer genial. Wurden früher die Philosophen so beschrieben, so sind es heute je nach dem aktuellen Stand der Technik Physiker (wie Einstein, Abb. 2), Atomforscher und Gentechniker.

Wenn Sie selbst Wissenschaftler*innen begegnen, werden Sie Personen erleben, die ihre Stärken und Schwächen haben wie andere Menschen auch.

Naturwissenschaft und Technik sind zwei Seiten der Erkenntnis.

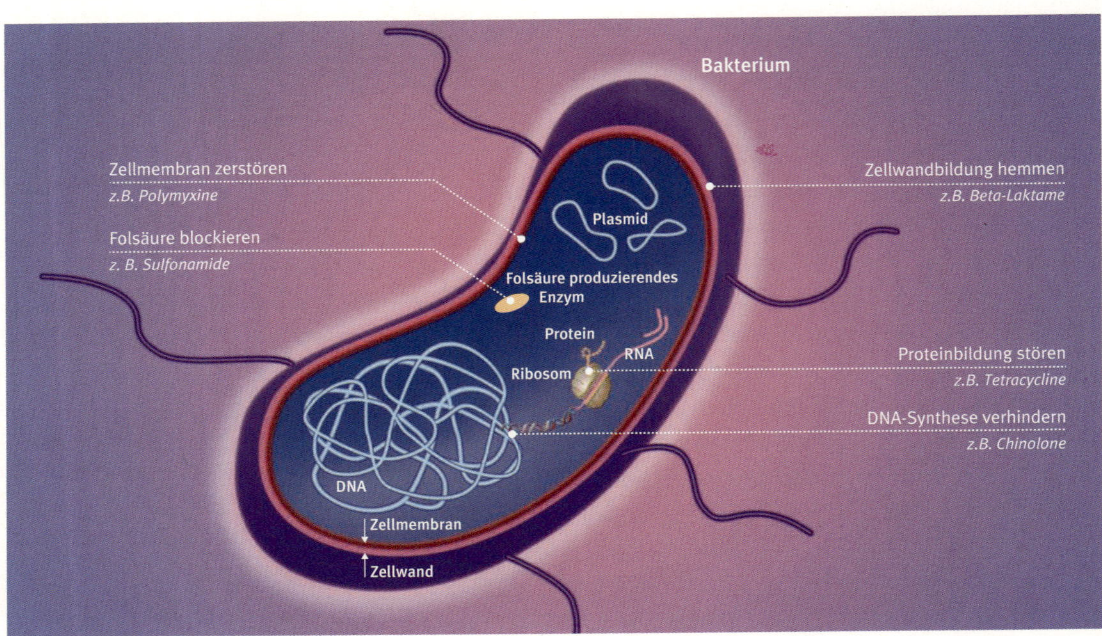

1: Wie und wo Antibiotika wirken

1928 fiel dem schottischen Mediziner Alexander Fleming (1881–1955) eine durch unsaubere Laborarbeit von Schimmelpilzen befallene Bakterienkultur auf. Dieser Zufall führte Fleming zu einer bahnbrechenden Erkenntnis: In Nachbarschaft der Pilze fanden sich keine Bakterien. Die Ursache: Der Schimmelpilz tötet Bakterien mit einem Stoff ab. Dieser Stoff ist das Penicillin, er hemmt die Zellwandsynthese der Bakterienzellen, sodass sie platzen. Penicillin ist ein Antibiotikum.

Grundlagen- und Anwendungsforschung

Antibiotika sind eine Hauptursache dafür, dass sich die Lebenserwartung der Menschen enorm verlängert hat. Früher starben viele Menschen an Infektionen. In der Grundlagenforschung werden die Zusammenhänge und Methoden erforscht, um die Wirkung der Bakterien zu entschärfen und Infektionen zu verhindern oder zu kurieren. Die Anwendungsforschung sucht in der Natur nach Arzneimitteln, verändert Molekülstrukturen von Antibiotika und prüft deren Wirkung. Inzwischen kennt man eine ganze Reihe von Antibiotika, mit unterschiedlicher Wirkung auf die Bakterien (Abb. 1). Es ist ein fortwährender Selektions-Wettlauf mit den Bakterien, denn diese entwickeln andauernd Resistenzen (→ S. 44). Zunehmend werden sie gegen mehrere Antibiotika resistent (Multiresistenzen). Arzneimittelentwicklung ist ein teurer und langwieriger Prozess, vor allem, weil die Zulassung Anforderungen hinsichtlich Wirkung und Sicherheit der Arzneimittel stellt.

Unterschiedliche Ursachen und Ziele

Naturwissenschaft und Technik unterscheiden sich prinzipiell. Naturwissenschaften befragen die Natur, was ist und wie etwas ist, sowie in der Biologie, wie etwas entstanden ist (→ S. 44). Es geht um Ursache und Wirkung (→ S. 14). Ihr Ziel ist der Versuch, der Wirklichkeit möglichst nahe zu kommen (→ S. 32).

Technik und Technikwissenschaften (Technologien) sind zweckorientiert. Techniker*innen haben die Nutzungsmöglichkeiten im Blick. Sie schaffen etwas Neues, das Menschen das Leben erleichtern soll. Sie versuchen, durch technische Lösungen Probleme aus dem praktischen und industriellen Alltag zu bewältigen.

Nutzung der Naturwissenschaften

Voraussetzung für technisches Wissen und Können sind die Erkenntnisse der Naturwissenschaften und die Methoden der Mathematik. Insofern kann man diese als Hilfswissenschaften für die Technikwissenschaften beschreiben. Technische Fähigkeiten bestehen darin, ein Problem in seine einzelnen Teile zu zerlegen (analytisches Verfahren) und diese mithilfe der eigenen Erfahrung und Kreativität zu einer neuen Lösungsmöglichkeit zu kombinieren (synthetisches Verfahren). Auch in den Naturwissenschaften wird der Anwendungsaspekt immer wichtiger, sodass sich die Grenze zwischen Naturwissenschaften und Technik auflöst. Um Forschungsgelder zu erhalten, müssen selbst in der Grundlagenforschung mögliche Anwendungen und Zwecke angegeben werden (→ S. 56).

Biologische Technik ist uralt

Seit über 5.000 Jahren nutzen Menschen die Hefe (ein Pilz) zur Herstellung von Brot, Wein und Bier sowie Milchsäurebakterien zur Herstellung von Käse, Joghurt und anderen Milcherzeugnissen. Mithilfe von Tierkot verarbeitete man Häute zu Leder. Die biochemischen Hintergründe für diese biologische Technik waren bis zum Aufkommen der Mikrobiologie vor 150 Jahren unbekannt. Der Begriff Biotechnologie ist erst seit 50 Jahren allgegenwärtig. In der sogenannten grünen Gentechnik werden Gene in Pflanzen eingebaut, sodass sie z. B. in für sie ungünstigen Gegenden angebaut werden können oder resistent gegen Unkrautvernichtungsmittel werden. Die gentechnische Entwicklung von Diagnosemitteln, Medikamenten und Antikörpern gehört zur sogenannten roten Gentechnik. Die Herstellung von Biogas, Bioethanol, Enzymen, Hormonen, Vitaminen u. v. a. m. zählen zum Teilgebiet weiße Gentechnik. Während die rote und weiße Gentechnik nicht in Frage gestellt werden, ist die grüne Gentechnik in der Gesellschaft höchst umstritten. In Deutschland dürfen keine Freisetzungsversuche gemacht werden (Abb. 2).

2: Warnung vor Gentechnisch veränderten Organismen (GVO), engl. genetically modified organism (GMO), hier: Mais

WÖRTER UND BEGRIFFE

Technik und Natur

Technik leitet sich vom griechischen Wort techne ab. Es bezeichnete die Kunst der Dichtung, der Rhetorik, des Handwerks. In moderner Zeit hat sich die Bedeutung des Worts gewandelt. Es bezeichnet das Erschaffen von Neuem, von nicht in der Natur vorkommenden Dingen. Technik wurde in der Menschheitsgeschichte häufig entweder als Fluch oder Segen bewertet. Selbstverständlich ist die Vermehrung des Menschen – derzeit rund 7,6 Milliarden in fast allen Regionen der Erde – durch Technik bewirkt. Das Ausmaß, und damit auch die Abhängigkeit der Techniknutzung ist so allgegenwärtig, dass wir es gar nicht bemerken.

AUFGABEN

1. **Ist die Entwicklung von Medikamenten ein naturwissenschaftliches oder technisches Vorgehen? Begründen Sie Ihre Antwort.**
2. **Recherchieren Sie, weshalb die grüne Gentechnik besonders umstritten ist. Beachten Sie dabei direkte und indirekte Auswirkungen auf das Leben der Menschen sowie Risiken und Chancen der Anwendung.**

https://www.fr-v.de/522003-k4-s51/

Forschung ist offen und zwiespältig.

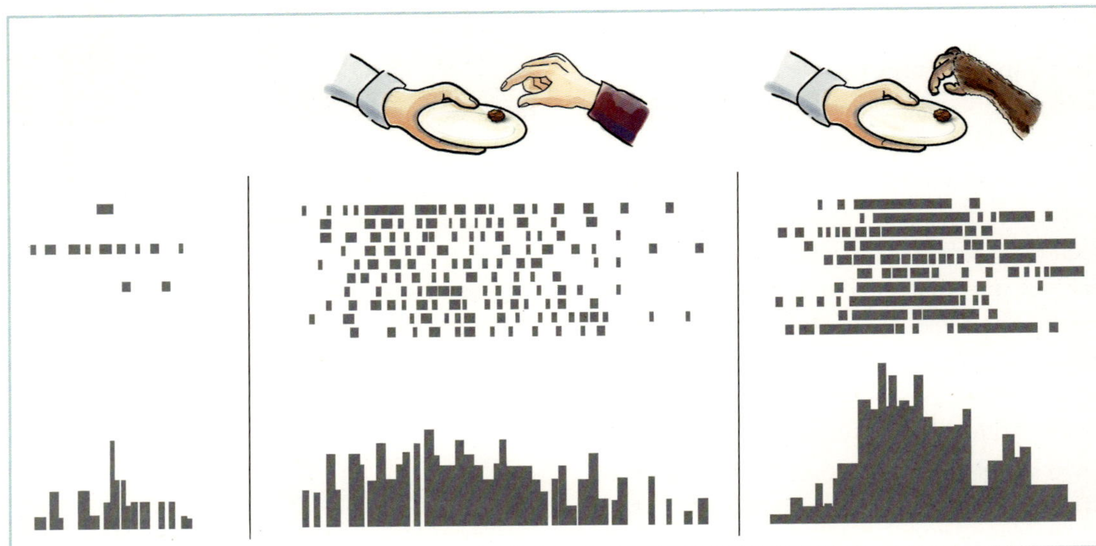

1: Aktivität von prämotorischen Nervenzellen (Aktionspotenziale) bei einem zuschauenden Makaken: Auftreten (oben) und Frequenz (unten). Links: im Normalzustand (Kontrolle), Mitte: nach Rosine greifender Mensch, Rechts: nach Rosine greifender Affe

Drei italienische Neurobiologen untersuchten vor etwa 15 Jahren die Bewegungsplanung im Gehirn von Makaken. Mit im Gehirn eingepflanzten Elektroden verfolgten sie die *Aktionspotenziale* einzelner Nervenzellen im prämotorischen Cortex. Das ist der Teil des Stirnhirns, der eine motorische Handlung vorbereitet. Solche Aktivität der Nervenzellen war zu beobachten, wenn die meerkatzenartigen Affen nach Obst, Nüssen, Spielzeug griffen. Als ein Forscher zufällig eine Rosine im Blickfeld des Affen aufhob, bemerkten die Forscher einen Ausschlag am Messgerät, ohne dass der Affe sich bewegte. Die Aktionspotenziale schienen von Nervenzellen zu stammen, die normalerweise aktiv sind, wenn der Affe selbst nach der Rosine greift. Die Forscher glaubten an eine Fehlfunktion der Messapparatur. Nach mehrmaligen Wiederholungen mit den gleichen Ergebnissen war klar, dass etwas Neues entdeckt worden war: Die prämotorischen Nervenzellen, die Bewegungen vorbereiten, sind nicht nur bei einer eigenen Handlung aktiv, sondern auch, wenn das Tier ein anderes Lebewesen bei einer solchen Handlung beobachtet. Darüber hinaus reagieren die Nervenzellen nicht, wenn der Experimentator ins Leere greift, wohl aber, wenn der Affe hinter einer Wand das Knacken einer Erdnussschale hört. Weil die Neuronen die Handlung anderer zu spiegeln schienen, nannten sie sie Spiegelneurone.
Inzwischen ist ein ganzes Areal an Spiegelneuronen identifiziert worden, auch beim Menschen. Dies hat zu großen Forschungsaktivitäten, Hypothesen und Erklärungen geführt. Affen wie Menschen sind in erster Linie Sozialwesen, die durch Nachahmung (Imitation) den überwiegenden Teil ihrer Verhaltensweisen erlernen. Mit den Spiegelneuronen meint man, die neuronale Ursache z. B. für das Mitfühlen in andere (Empathie) gefunden zu haben.

Forschung mit Nebeneffekten: Moralische Konflikte

Forschung und Wissen können immer missbraucht werden: Sie sind janusköpfig: gleichzeitig gut und böse. Das neue Wissen über

Spiegelneurone als Ort der Empathie-Auslösung hat das gezielte Ausnutzen der lang bekannten unterschwelligen Stimulation angeregt: In der Werbung wie auch in Spielfilmen wird für eine Zehntelsekunde z. B. etwas Angenehmes (ein Smiley), Negatives (eine Ratte) oder das beworbene Produkt gezeigt. Diese Einblendungen dringen nicht in unser Bewusstsein, sie sprechen aber unbewusst unsere Emotionen an. Die allermeisten Menschen lehnen diese Form der unbewussten Manipulation ab. Allerdings bemerken wir es nicht; wir können also derartige Manipulationen weder aufdecken noch uns davor schützen. Die Entdeckung der Spiegelneurone belegt die Wirksamkeit der Maßnahmen. Aber hätten die italienischen Forscher deswegen ihre Entdeckung geheim halten sollen?

WÖRTER UND BEGRIFFE

Januskopfig

Forschung und Wissen sind janusköpfig: Janus war der römische Gott des Anfangs und des Endes. Er symbolisiert u. a. Schöpfung und Zerstörung, Leben und Tod, Gut und Böse. Janusköpfig sind also Phänomene, die in sich Widersprüche tragen oder gegensätzliche Folgen haben können. Janusworte sind solche mit gegensätzlicher Bedeutung, wie aufheben (etwas aufbewahren bzw. abschaffen) oder anhalten (der Regen wird anhalten, die Uhr anhalten).

Tierversuche

In der Wissenschaft müssen zum menschlichen Leben immer Kompromisse zwischen Nutzen und Schaden gefunden werden. Die Forscher in Parma – wie viele Forschende der Biowissenschaften – konnten einen Großteil ihrer Ergebnisse nur an lebenden Organismen gewinnen, also mit Tierversuchen. Sie hielten Makaken in ihren Laboren, operierten ihnen Elektroden ins Gehirn und unternahmen unzählige Versuche mit ihnen (→ S. 6). In natürliche Lebensräume konnten sie die Tiere nicht mehr entlassen, denn dort wären sie nach den Versuchen nicht überlebensfähig. Rund 2,8 Millionen Versuchstiere werden pro Jahr in Deutschland zu Forschungszwecken eingesetzt. Diese ungeheuer große Anzahl wird mit dem Nutzen für den Menschen begründet. Zum Beispiel besteht der Nutzen in der medizinischen Forschung vor allem darin, Krankheiten wie Krebs, Diabetes, AIDS und Alzheimer zu verhindern bzw. zukünftig heilen zu können. Einschränkungen in der Lebensqualität der Tiere sind unvermeidlich, sie sind höchstens zu lindern. Leiden die Tiere? Diese Frage ist schwer zu beantworten. Sie wird sehr emotional diskutiert. Inzwischen hat die Verhaltensforschung Kriterien für das Wohlbefinden von Tieren entwickelt, wie Spielverhalten und das Fehlen von Stereotypien, d. h. sich ständig wiederholendes Verhalten.

Sicherlich hat der Tierschutzgedanke dazu geführt, Tiere im Labor teilweise zu ersetzen, z. B. durch Gewebekulturen, in-vitro-Tests und Computersimulationen. Allerdings müssen vor dem Einsatz von Simulationen Erkenntnisse an Lebewesen gewonnen werden, um sicher zu sein, dass die Simulationen aussagekräftig sind.

AUFGABEN

1. Die Wirkungsweise des (menschlichen) Immunsystems wurde wesentlich durch Grundlagenforschung an Mäusen beschrieben und verstanden. Erörtern Sie an diesem Beispiel die Grundlagenforschung an Versuchstieren.

2. Mit dem medizinisch-technischen Fortschritt haben auch die Diagnosemöglichkeiten enorm zugenommen. Beispielsweise wurde in den letzten drei Jahren bei 10 % mehr Menschen das Aufmerksamkeitsdefizit-Syndrom (ADHS) diagnostiziert. Die Anzahlen sind in Deutschland regional sehr unterschiedlich. Erörtern Sie diesen Befund unter dem Aspekt der Janusköpfigkeit.

https://www.fr-v.de/522003-k4-s53/

Fälschungen gefährden die Glaubwürdigkeit der Naturwissenschaft.

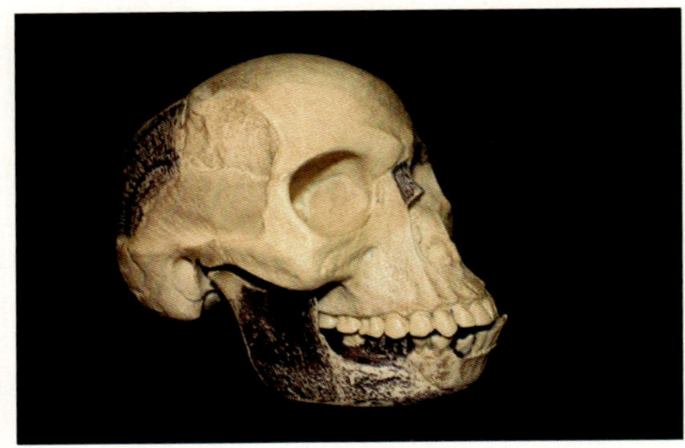

1: Eoanthropus dawsoni. Vorfahr des Menschen?

2: Archaeopteryx: eine Fälschung?

1912 präsentierte der Hobby-Forscher Charles Dawson zusammen mit dem Leiter der naturhistorischen Abteilung des Britischen Museums Prof. Dr. Smith Woodward einen sensationellen Fund: Dawson hatte bei Piltdown in Südengland Schädelreste entdeckt, Unterkiefer und ein Eckzahn waren eher affenähnlich, das gewölbte Schädeldach menschlich. Der „Piltdown Mensch" wurde nach seinem Entdecker Eoanthropus dawsoni genannt und in den Stammbaum des Menschen gestellt. Zwischen den Fachleuten entstand ein bitterer Streit darüber, ob das am selben Ort gefundene Schädeldach und der Unterkiefer zum selben Lebewesen gehören. Das Rätsel blieb 40 Jahre ungelöst, bis Forscher am Britischen Museum 1953 eine kühne Idee verfolgten, die niemand zuvor gewagt hatte zu äußern: Was wäre, wenn dieses Fossil eine Fälschung ist? Sie untersuchten das Fossil mit diesem Verdacht: Es stellte sich als plumpe Fälschung heraus: Ein tatsächlich fossiler Oberschädel war mit dem Unterkiefer eines Orang-Utans kombiniert worden.

Aber wer hatte die wissenschaftliche Welt von 1913 bis 1953 an der Nase herumgeführt? Als Hauptverdächtiger gilt der Entdecker selbst. Es war wohl die Gier nach wissenschaftlicher Anerkennung. Denn drei Jahre vor seiner „großen Entdeckung" hatte er einem Freund geschrieben: *„Ich warte noch immer auf den ‚großen Fund', doch der kommt einfach nicht."*

Geltungsbedürfnis und Publikationsdruck

Wenn man sich die über Jahrhunderte dokumentierten Betrügereien in der Wissenschaft auf ihre möglichen Motive anschaut, dann sticht immer wieder das Bedürfnis nach Geltung heraus. In der Krebs- und Stammzellforschung beispielsweise sind die öffentlichen Erwartungen gewaltig, die Entwicklungen rasant, der Grat zwischen Sensation und Scheitern schmal und der Kampf um Forschungsgelder hart. In einer Befragung gestanden fünf von 112 Stammzellforschende, Ergebnisse gefälscht zu haben. In den 90er-Jahren hatten renommierte deutsche Krebsforscher*innen in 94 Fällen gefälscht.

Besonders junge Forscher*innen stehen unter einem sehr hohen Erfolgsdruck. Karriere in der Wissenschaft hängt immer noch entscheidend davon ab, möglichst viele Publikationen in anerkannten Zeitschriften wie Nature und Science unterzubringen: „Publish or perish: Veröffentliche oder gehe unter!“ Die Versuchung ist deshalb groß, unpassende Untersuchungsergebnisse unter den Tisch fallen zu lassen und z. B. Darstellungen wie Diagramme zu schönen. Oder sogar Inhalte zu übernehmen (Plagiate).

Fälschungsverdacht

Am Piltdown-Menschen wird deutlich, dass Naturwissenschaft Fälschungen als solche entlarven kann, wenn die Wissenschaftler*innen kritisch genug sind, um Verdacht zu schöpfen und dem nachzugehen. Es ist eine wissenschaftliche Aufgabe, einem Fälschungsverdacht auch dann nachzugehen, wenn er unbegründet erscheint oder aus einem besonderen Interesse erhoben wird.

1985 formulierte eine Gruppe von Forschern die Vermutung, dass das berühmte Fossil von Archaeopteryx eine Fälschung sei: Zu dem Skelett eines kleinen Laufsauriers seien der Abdruck von Federn eines modernen Vogels hinzugefügt worden. Tatsächlich unterscheidet sich das Fluggefieder des Archaeopteryx kaum von dem Gefieder heutiger Vögel und scheint zum saurierhaften übrigen Skelett nicht zu passen: Eine Parallele zum nicht zueinander gehörenden Hirnschädel und Unterkiefer von Eoanthropus?

Kreationisten nutzten den Fälschungsvorwurf dazu, um zu behaupten, damit sei die Evolutionstheorie widerlegt. Das ist jedoch unlogisch: Aus einem fehlenden Fossil lässt sich nichts ableiten. Und heute gibt es neben Archaeopteryx viele weitere Fossilien von befiederten Dinosauriern, einschließlich Vögeln, sodass das Fehlen von Archaeopteryx an den Vorstellungen zum Verlauf der Evolution nichts ändern würde.

Neben dem zuerst gefundenen Londoner Exemplar (Abb. 2) gibt es jedoch weitere Fossilien von Archaeopteryx, darunter das bekanntere Berliner Exemplar (S. 34). Die weiteren Fossil-Funde liegen etwa 100 Jahre auseinander. Eventuelle Fälscher müssten also über diese Zeitspanne hinweg aktiv gewesen sein. Obwohl der Fälschungsvorwurf daher abwegig erschien, untersuchten Forscher*innen am Londoner Museum den Erstfund sorgfältig mit mikroskopischen Methoden. Da einzelne feine Risse durch das Gestein und die Federabdrücke gehen, ist eine Fälschung ausgeschlossen. Naturwissenschaft widerlegt also in diesem Falle den Fälschungsverdacht.

ANSICHTEN UND EINSICHTEN

Selbstkontrolle der Wissenschaft

Auch wenn in Europa die Anzahl an Fälschungen (ca. 10 pro Jahr) im einstelligen Prozentbereich aller Publikationen liegt, sind Wissenschaftsbetrieb und Öffentlichkeit aufgeweckt, die Verlässlichkeit von Forschung sicherzustellen. Da Forschung ohne Veröffentlichungen irrelevant ist, gilt das Gutachtersystem von Wissenschaftsjournalen (mindestens zwei Gutachter*innen pro Artikel, ohne Kenntnis der Autoren*innen) als zentrale Methode zur Qualitätssicherung (peer-review). Dieses System stößt jedoch an quantitative Grenzen: Es gibt zu viele Publikationen und zu wenige Gutachter. Unvoreingenommenheit ist nicht immer gewährleistet, da man sich in der Community (Fachgemeinschaft) kennt. Ein renommierter Gutachter stellte resigniert fest: *„Wenn jemand fälscht, dann hast du keine Möglichkeit, das zu erkennen.“*
Daher gilt es, Fälschungen von vornherein durch Erhöhung der Transparenz und Qualität der wissenschaftlichen Arbeit zu verhindern: Alle erhobenen Daten müssen der Wissenschaft vollständig zugänglich sein, also nicht nur ausgewählte oder geschönte. Die Wiederholbarkeit von Untersuchungen gehört zu den Grundsätzen von Wissenschaft. Allerdings werden Experimente selten von anderen Forschenden wiederholt (→ S. 29).

AUFGABEN

1. **Manche Wissenschaftsorgane veröffentlichen nur noch Forschungen, die vor (!) der Untersuchung begutachtet wurden. Beurteilen Sie diese Methode zur Qualitätssicherung.**
2. **Bewerten Sie Motive für Fälschungen einerseits und Fälschungsvorwürfe andererseits.**

https://www.fr-v.de/522003-k4-s55/

Wissenschaftler*innen müssen ihr Tun rechtfertigen.

1: Demonstration für Naturwissenschaft

Durch Aussagen wie „Globale Erwärmung ist Schwindel", „Es gibt „alternative Fakten", „… deswegen ist es legitim, Wissenschaft einzuschränken", wird das Vertrauen in die Wissenschaft beschädigt. Gegen diese Positionen von Vertretern aus Regierungen, Parteien und Wirtschaft wurde beispielsweise im April 2017 und 2018 ein „March for Science" organisiert (Abb. 1).

Forschungsfreiheit

In Deutschland wird die Forschungsfreiheit als Grundrecht durch Artikel 5 des Grundgesetzes geschützt. Insofern dürfen wir Bürger*innen zu Recht erwarten, dass Wissenschaftsforschung verantwortlich zum Wohle der Gemeinschaft geschieht. Es muss ehrlich, selbstkritisch und offen mit ihren Ergebnissen umgegangen werden, ethische Grenzen müssen eingehalten werden. Dabei ist wichtig, dass Personen aus Wissenschaft und Gesellschaft miteinander kommunizieren.

Bringschuld der Wissenschaft

Die Aufklärung über wissenschaftliche Ergebnisse ist Teil der wissenschaftlichen Verantwortung, d.h. der Wissenschaftsethik. Wissenschaftler*innen tauschen sich in erster Linie untereinander aus. Das enthält die Gefahr, dass sie sich allein ihren eigenen Forschungszielen widmen, ohne sich um die Wirkung in der Öffentlichkeit zu kümmern. Man spricht davon, dass sie sich in einen Elfenbeinturm zurückgezogen haben.

Die Theorien zur Erklärung der komplexen Zusammenhänge in der Natur sind selten einfach. Vielfach ist Naturwissenschaft in Sphären vorgedrungen, in denen nur noch mathematische Modelle zur Beschreibung und Erklärung dienen: Diese sind den meisten Menschen überhaupt nicht vermittelbar. Und letztlich sind wir kognitiv beschränkt. Wir besitzen keine Vorstellungen von sehr kleinen (Quanten) und sehr großen Systemen (Kosmologie) und auch nicht von sehr komplexen und nicht-linearen Systemen (→ S. 38 f.). Wir haben nicht einmal eine klare Vorstellung von unseren Denkvorgängen.

Für Wissenschaftler*innen ist es schwer, das Vorwissen von Laien abzuschätzen. Sie müssen vereinfachen. Nur, wie weit dürfen sie dies tun, ohne zu verführen oder zu manipulieren?

Zudem müssen Fakten immer interpretiert werden (→ S. 30). Diese Deutungen leisten Wissenschaftler*innen in ihrem Forschungsfeld, aber nicht immer verständlich für die nicht wissenschaftliche Öffentlichkeit. Gründliche seriöse Erklärungen brauchen Zeit, die es in der heutigen, schnellen Informations- und Erregungsgesellschaft kaum gibt.

Vertrauen in die Wissenschaft

Verantwortungsbewusste Wissenschaftler*innen müssen skeptisch gegenüber ihren eigenen Erkenntnissen bleiben: Der methodisch begründete Zweifel gehört zu ihren ethischen Aufgaben.

Von Personen aus der Wissenschaft geäußerte Zweifel können jedoch in der Öffentlichkeit Unsicherheit und Verstimmung erzeugen: „Wenn es selbst die Wissenschaftler nicht wissen!"

2: Wissenschaft ist häufig komplex und fremdartig.

Gegensätzliche Deutungen sprechen aber nicht gegen die Wissenschaft, sondern für sie.
Wir sind überfordert, alles selbst zu überprüfen. In der Wissenschaft gibt es Kontrollmechanismen, mit denen Fälschungen und falsche Deutungen korrigiert werden (→ S. 54 f.).
Letztlich müssen wir also der Naturwissenschaft Vertrauen entgegenbringen und uns vielseitig orientieren, damit wir nicht auf die Propaganda von Wissenschaftsgegnern (u. a. im Internet) hereinfallen, Oder wir arbeiten mit: Im Projekt „Citizen Science" zählen Bürger*innen bedrohte Pflanzen und Tiere und messen die Luftverschmutzung mit dem Smartphone.

Verantwortung in der Wissenschaft

Die Abwägung zwischen Nutzen und Schaden wie auch die Festsetzung ethischer Grenzen sind Aufgaben von Politik und Gesellschaft: Aus der Macht, eine Technik ausführen zu können, folgt immer eine große Verantwortung für die Folgen (→ S. 58 ff.).
Risiko-Analysen gehören zum Repertoire der Forschung und Technik. Allerdings kann selbst die genaueste Risiko-Analyse keine 100%ige Sicherheit garantieren. Denn sie muss mit Wahrscheinlichkeiten arbeiten, die abgewogen werden müssen: Letztlich müssen Menschen beurteilen und entscheiden.
Im Zusammenhang mit dem Einsatz des CRISPR/Cas9-Systems bei menschlichen Embryonen wird von Wissenschaftler*innen ein Moratorium gefordert. Damit ist ein Zeitaufschub gemeint, um die Risiken abschätzen und eine ethische Diskussion führen zu können. In dieser Zeit soll weltweit der Einsatz dieser Technik verboten sein.

ANSICHTEN UND EINSICHTEN

Eingriff in die Keimbahn des Menschen

Bislang war die gentechnische Veränderung von Embryonen weltweit ein Tabu. Deswegen hat der chinesische Forscher He-Jiankui im Herbst 2018 großes Aufsehen erregt. Er veröffentlichte, dass durch künstliche Befruchtung zwei Mädchen geboren wurden, die er immun gegenüber HIV gemacht hatte. Der Vater der beiden Mädchen hat HIV; mit seiner Frau hatte er zuvor wegen des Risikos, ein Kind mit HIV zu zeugen, auf Kinder verzichtet.
He-Jiankui setzte die vor ca. zehn Jahren entdeckte Gen-Schere (CRISPR/CAS9-System) ein. Diese arbeitet sehr viel präziser, schneller und günstiger als bisherige Verfahren der Gentechnik. Die Empörung in der Welt war groß: Man fürchtete unabsehbare Neben- und Folgewirkungen. Außer das angezielte Gen könnten auch andere Teile der DNA geschnitten werden. Auch wenn He-Jiankui versichert, dass er diese Technik nur bei schweren genetisch bedingten Krankheiten einsetzen will, fürchtet man, dass nun das Tor zur Produktion von Designer-Babys geöffnet sei.
Man vermutet sogar, dass He-Jiankui bei seinem Vorgehen nicht nur HIV im Auge hatte. Das veränderte Gen hat nämlich sehr wahrscheinlich auch einen Einfluss auf intellektuelle Fähigkeiten.
Auf der anderen Seite zeigt sich ein weiteres Risiko: Mit dem Einbau des veränderten Gens scheint das Leben verkürzt zu werden: Die Träger des veränderten Gens haben eine geringere Lebenserwartung.

AUFGABEN

1. Erörtern Sie am Beispiel von CRISPR/Cas 9 die Dilemmata zwischen der Vereinfachung wissenschaftlicher Erkenntnisse, der Notwendigkeit der Information der nicht wissenschaftlichen Öffentlichkeit und einem grundsätzlich methodischen Zweifel in der Wissenschaft.
2. Erörtern Sie an dem Beispiel die Gründe dafür, die zu einem Vertrauensverlust von Wissenschaft in der Öffentlichkeit führen.
3. Entwickeln Sie Vorschläge, wie das Vertrauen zwischen Wissenschaft und Gesellschaft gefördert werden könnte.

https://www.fr-v.de/522003-k4-s57/

Bioethische Entscheidungen erfordern die Orientierung an Normen und Werten.

Zwei Zellen erzeugen mit der Verschmelzung ihrer Kerne eine einzigartige Zelle, die *Zygote*.

Wann beginnt menschliches Leben?

Ist damit neues Leben entstanden? Haben Spermium und Eizelle bereits vorher schon gelebt? Ist der sich vielfach selbstständig teilende menschliche Keim selbstständiges neues Leben, auch wenn er bis zur Geburt vollkommen abhängig von der Versorgung durch die Mutter bleibt, also allein nicht lebensfähig ist? Mehr als die Hälfte der menschliche Keime stirbt vor der Einnistung in die Gebärmutter ab: Sollte man erst ab der Einnistung von Leben sprechen? Nach 5 bis 6 Tagen besteht der Keim bereits aus mehreren hundert Zellen. Gehirnfunktion und Herzschlag sind Kriterien bei der Feststellung des Todes (s. u.). Demzufolge könnte man die Bildung des Gehirns (3. bis 8. Schwangerschaftswoche) bzw. des Herzschlags (6. Woche) als Beginn des menschlichen Lebens definieren. Beide wichtige Entwicklungen fallen außerdem in die Zeit, in der die Frau meist von ihrer Schwangerschaft erfährt. Ein bedeutender Zeitpunkt in der Entwicklung ist der Übergang vom *Embryo* (Abb. 2a), bei dem alle Organe und Extremitäten angelegt sind, zum nur noch wachsenden *Fetus* nach ca. 9 Wochen (Abb. 2b). Oder beginnt das menschliche Leben erst mit der Geburt?

Zur Beantwortung dieser Fragen lassen sich viele Kriterien und Stadien betrachten: neue Zelle, Einnistung, Gehirn-/Herzfunktion, Entwicklung/Wachstum, Geburt. Deren Auswahl hängt ab von entsprechenden Definitionen von Leben, die nicht eindeutig und unumstritten sind. Biologie untersucht Prozesse in Biosystemen. Aus dieser systemischen Sicht kann der an die Lebensprozesse der Mutter (Einnistung) angeschlossene Embryo als Lebensbeginn angesehen werden. Infolgedessen würde eine Abtreibung, so die höchstrichterliche Rechtsprechung, im Widerspruch zum Grundgesetz stehen, das in Artikel 1 „*Die Würde des Menschen ist unantastbar*“ den Schutz auch des werdenden Lebens verlangt.

Dem gegenüber stehen jedoch das Selbstbestimmungsrecht und die Gesundheit der Frau.

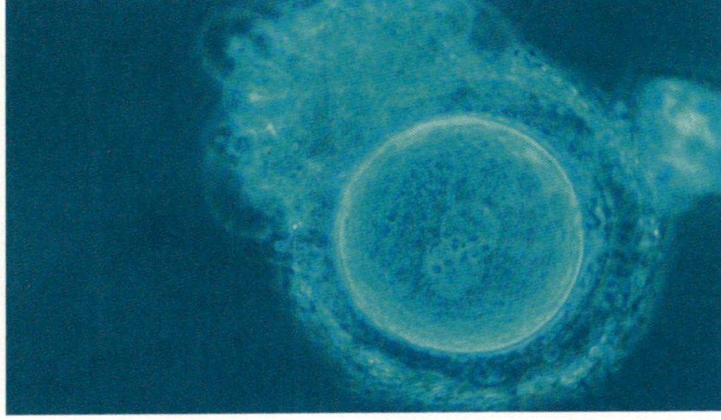

1: Befruchtetes *Ei* des Menschen mit den unverschmolzenen Kernen von Eizelle und Spermium

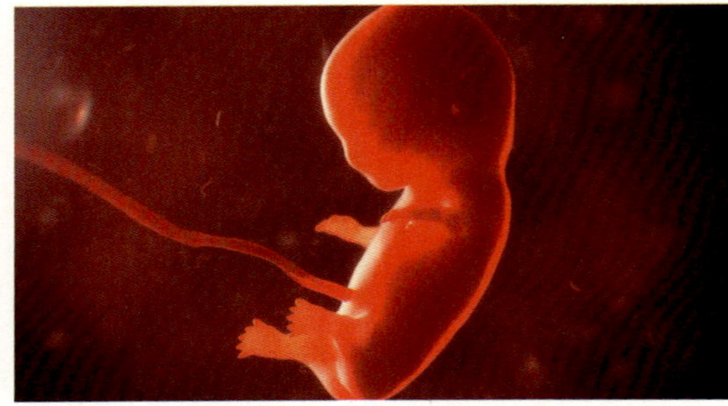

2: verschiedene Entwicklungsstadien:
a) Embryo,

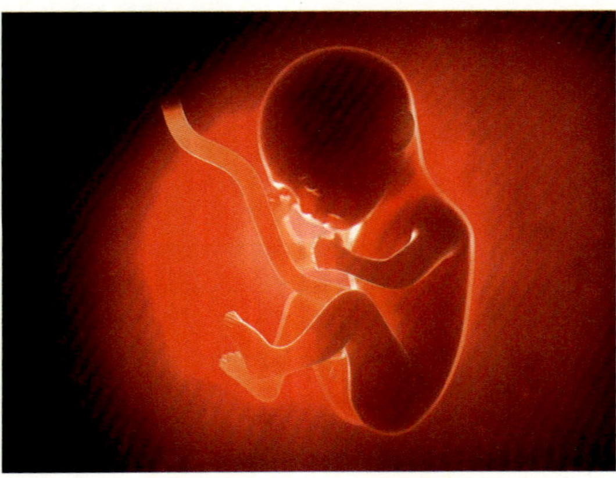

b) Fetus

Biologie braucht Ethik

Seit der Antike wird über Abtreibung gestritten. Im Zusammenhang mit der Straffreiheit des Abbruchs der Schwangerschaft bis zur zwölften Woche in Deutschland wurden die Definitionen des Lebensbeginns heftig diskutiert. Man erhoffte sich, die Biologie möge als Naturwissenschaft „Fakten" festlegen und damit über moralische bzw. ethische Bewertungen entscheiden. Dieses ist aus zwei Gründen ein Irrglaube bzw. ein überhöhter Anspruch: Fakten sind keine Wahrheiten. Aus angeblichen Fakten (dem Sein) darf man nicht auf moralische Urteile (das Sollen) schließen. Dies wäre ein naturalistischer Fehlschluss.

Uns bleibt nichts Anderes übrig, als biologische Phänomene, die eine moralische Dimension beinhalten, ethisch zu bewerten: Ethische Entscheidungen sind demnach nicht allein von biologischen Beschreibungen abhängig, sondern von der Abwägung verschiedener Werte und Normen.

Bioethik

Bioethik ist eine relativ junge Disziplin. Sie entwickelte sich infolge der rasant wachsenden biotechnischen Errungenschaften seit ca. 40 Jahren, weil die Eingriffsmacht des Menschen in das natürliche Geschehen gewaltig zugenommen hat. Bioethik behandelt Fragen zum Beginn des menschlichen Lebens (u. a. Klonen, Forschung und Diagnostik an Embryonen, Gentherapie) wie auch zum Ende des Lebens (Hirntod, Organspende, Pflege und Betreuung alter und kranker Menschen, Sterbehilfe).

Aber auch Fragen der roten, grünen, weißen Gentechnik (→ S. 51), der Umgang mit Nutz- und Versuchstieren (→ S. 53) sowie der Schutz und der Erhalt der belebten Umwelt (→ S. 60) gehören zum Bereich der Bioethik.

In vielen Institutionen und Staaten sind ethische Kommissionen, wie der deutsche Ethikrat, eingerichtet worden, um u. a. die gesellschaftlichen Diskussionen zu wissenschaftlichen, strafrechtlichen und gesellschaftspolitischen Entscheidungen zu beraten.

ANSICHTEN UND EINSICHTEN

Naturalistischer Fehlschluss

Nicht alles, was möglich ist, ist erwünscht und erlaubt. Und nicht alles „Natürliche" (das, was in der Natur vorkommt) ist gut und moralisch richtig. Vom „Sein" darf nicht auf das „Sollen" geschlossen werden, von einer Beschreibung nicht auf eine Bewertung, von einer Tatsache oder einer Möglichkeit nicht auf eine Norm. Dieses geschieht fälschlich, wenn von einer biologischen Tatsache (Prämisse 1), eine moralische Wertung (Prämisse 2) und damit ein moralisches Gebot (Conclusio) abgeleitet wird:

Prämisse 1: Das Klonen von Tieren ist biotechnisch möglich.

Prämisse 2: Klone kommen in der Natur vor (es ist gut).

Conclusio: Also dürfen Tiere (und Menschen) geklont werden.

Oft wird dabei das beschreibende ‚gut" zu einem „moralischen gut", weil „natürlich" mit „moralisch gut" gleichgesetzt wird. Ob ich etwas tun darf, ist eine ethische Frage, die man mit dem naturalistischen Fehlschluss umgehen möchte. Menschliche Ethik besteht aber immer in (vielfach unbequemen) Entscheidungen.

Dammbruch-Argument

Mit dem Dammbruchargument argumentieren z. B. Gegner der Gentechnik. Sie sehen die Gefahr, dass mit gentechnischen Eingriffen in menschliche Embryonen die „schiefe Bahn" zur *Eugenik* beschritten wird. Allerdings besteht keine logische Zwangsläufigkeit, dass „der Damm bricht", zumal meist ohnehin die schlimmsten Auswirkungen spekuliert werden. Sicherlich gibt es einen gewissen Gewöhnungseffekt auch in der ethischen Diskussion. Es muss eben immer wieder eine Abwägung zwischen Nutzen und Schaden stattfinden. Jeder Folgeschritt macht neue Überlegungen und Entscheidungen notwendig.

AUFGABEN

1. Bei einer Form der Pränatalen Diagnostik wird der Embryo oder der Fetus auf Mutationen (z. B. dreifaches Chromosom 21, Trisomie 21) untersucht. Erörtern Sie die Frage, ob dies ein verbotener Eingriff in menschliches Leben darstellt.

2. In den USA und in England gibt es den Vorschlag, Experimente an Embryonen so lange zu erlauben, bis diese beginnen, Schmerzen zu empfinden. Beurteilen Sie.

3. Analysieren Sie die folgende Aussage „Männer sind von Natur aus stärker als Frauen, deshalb dürfen sie Frauen dominieren" auf der Grundlage des naturalistischen Fehlschlusses (Prämissen, Conclusio).

https://www.fr-v.de/522003-k4-s59/

Bioethische Fragen gehen jeden an.

1: Hans Jonas: *„Handle so, dass die Wirkungen deiner Handlung verträglich sind mit der Permanenz echten menschlichen Lebens auf Erden."*

ANSICHTEN UND EINSICHTEN

Verantwortung

Unsere Verantwortung für Mensch und Umwelt äußert sich in sechs Fragen:

1. Wer ist verantwortlich?
   Wir als Personen (bzw. auch Institutionen, Gesellschaften, Staaten);
2. Wofür sind wir verantwortlich?
   Für Folgen und Nebenfolgen unseres persönlichen und politischen Handelns;
3. Wem gegenüber sind wir verantwortlich?
   Gegenüber gegenwärtigen sowie zukünftigen Menschen;
4. Vor wem sind wir verantwortlich? Vor unserem Gewissen;
5. Auf was bezogen sind wir verantwortlich?
   Auf Schädigung und Wohlergehen von Menschen und Umwelt;
6. Wie weit sind wir verantwortlich?
   Soweit unsere Handlungsmöglichkeiten reichen.

AUFGABEN

1 Wenden Sie die im Kasten „Ansichten und Einsichten" genannten sechs Fragen auf eine Entscheidung in der Fortpflanzungs- oder Gentechnik oder auf ein Umweltproblem an.

2 Auf S. 47 stehen einige Fragen. Beantworten Sie diese Fragen so, dass eine Schülerin oder ein Schüler der 9. Klasse Ihre Antworten verstehen kann. Die Informationen der Seiten dieses Kapitels können Ihnen dabei helfen.

https://www.fr-v.de/522003-k4-s60/

Fortpflanzungs- und Gentechnik sind mit Chancen und Risiken verbunden (→ S. 51, 58). Der Bioplanet Erde ist bedroht: Ausbeutung der natürlichen Ressourcen, Artensterben, Klimawandel.
Die Naturwissenschaft ermöglicht, auf Natur und Umwelt einzuwirken. Daraus erwächst große Verantwortung. Es ist die Aufgabe der Wissenschaften, nicht nur den Ist-Zustand zu beschreiben, sondern mögliche Folgen zu erforschen.

Prinzip Verantwortung

Der Philosoph Hans Jonas (1903–1993) vertritt in seinem Hauptwerk „Das Prinzip Verantwortung" die These: Der Wirkungsbereich der modernen Technik in Raum und Zeit hat sich enorm ausgeweitet. Er bezieht sich u. a. auf die Atomenergie und folgert: Die menschliche Verantwortung muss über den Nah-Bereich (Nachbarschaftsethik, z. B. Nächstenliebe) menschlichen Handelns hinausgehen, wie z. B. im Hinblick auf zukünftige Generationen und entfernte Kulturen.
Beispielhaft ist für ihn die elterliche Fürsorge für die Zukunft ihrer Kinder. In Anknüpfung an die Imperative von Immanuel Kant (→ S. 39) formuliert Jonas den ökologischen Imperativ (Abb. 1). Der Mensch hat die Pflicht zur Sicherung des Lebens und seiner Existenz. Dazu formuliert Jonas ein heuristisches Prinzip: Da die Abschätzung der komplexen Folgen menschlichen Handelns schwierig ist, ist grundsätzlich die schlechtere Prognose der besseren vorzuziehen.
Hans Jonas hat Recht: Mit der technischen Macht ist auch die Verantwortung jedes Einzelnen gewachsen. Die Erde und das Leben auf ihr benötigen unser Engagement.

Alles klar?

https://www.fr-v.de/522003-alles-klar/

Die Aufgaben auf dieser Seite dienen Ihnen zur Selbstkontrolle.
Mit ihnen wird vor allem nach Zusammenhängen zwischen den Themen der Kapitel gefragt

1. Klären Sie den Begriff der Wahrheit aus der Sicht der Naturwissenschaft und des Glaubens.
2. Anlässlich der Bewegung Fridays for Future wird gesagt, die Bekämpfung des Klimawandels sei eine Sache für Profis. Nehmen Sie Stellung zu dem Verhältnis zwischen Wissenschaft und Öffentlichkeit.
3. Über Biologie wird manchmal in Gegensatz zu anderen Naturwissenschaften geurteilt, sie sei keine „harte“ und „exakte“ Naturwissenschaft. Nehmen Sie Stellung, inwiefern diese Kritik zutrifft oder nicht.
4. Erläutern Sie die Rolle von Theorien in den Naturwissenschaften.
5. Begründen Sie, dass Biologie auch als Geschichtswissenschaft angesehen wird.
6. Die Frage nach dem Zweck („Wozu?“) spielt in der Biologie eine wichtige Rolle. Erläutern Sie die Funktion und die Grenzen dieser Frage.
7. Beurteilen Sie, ob die Neurobiologie zukünftig die Seele des Menschen oder sein Bewusstsein erklären kann.
8. Unterscheiden Sie Wirklichkeit von Realität und wenden Sie Ihre Definitionen auf die Existenz von Farben in der Welt an.
9. Legen Sie dar, wie Naturwissenschaft zu möglichst großer Objektivität gelangen kann.
10. Erklären Sie optische Täuschungen aus Sicht der Evolutions- und Selektionstheorie.
11. Bienen – Fledermäuse – Menschen: Wer sieht die Welt richtig?
12. Beurteilen Sie die Bedeutung der Einführung von Maßeinheiten für die menschliche Kultur.
13. Beim Schlag auf die Augen „sehen“ wir Sterne: Erläutern Sie dieses Phänomen mit Hilfe der Neutralitätsthese.
14. Gentechniker seien keine Biologen, sondern Ingenieure: Nehmen Sie Stellung zu dieser Aussage und begründen Sie Ihre Argumente.
15. Stellen Sie das Verhältnis zwischen Naturwissenschaft und dem Verstehen von Natur dar.

Glossar

https://www.fr-v.de/522003-glossar/

Die mit Seitenverweisen versehenen Begriffe sind im Text blau markiert. Die hier erläuterten Begriffe stehen im Text kursiv.

A

abhängige Variable → S. 29

Aktionspotenzial bezeichnet die Potenzialänderungen an Axonen von Nervenzellen oder an Muskelzellen.

Aktualitätsprinzip → S. 44

Alltäglicher Realismus → S. 8

Angepasstheit bezeichnet die Merkmale eines Lebewesens, die durch → Selektion herausgebildet worden sind.

Anschauungsformen → S. 11

Antibiotikum → S. 50

B

Beschreibung → S. 25

Bioethik → S. 59

Bioplanet → S. 40

Biosysteme → S. 40

Biotechnologie → S. 51

Black Box → S. 28

Blindversuch → S. 29

C

chaotisches System → S. 39

Chromosomentheorie → S. 19

CRISPR/Cas9-System → S. 57

D

Dammbruchargument → S. 59

Deduktion → S. 17

direkte Fitness → S. 43

E

Ei bezeichnet eine Vorrichtung zum Schutz und meist auch zur Ernährung eines entstehenden Lebewesens. Vor der Befruchtung umgibt es die → Eizelle. Ein Ei ist also mehr als die Eizelle. Beim Menschen umfasst das Ei die Zellen der Zona coronaria und die Schutzhülle der Zona pellucida. Die Eizelle ist die von der Zellmembran abgegrenzte Dotterkugel. Man spricht auch nach der Befruchtung vom Ei, das jetzt den sich entwickelnden → Keim umgibt.

Eizelle ist die Geschlechtszelle des weiblichen Lebewesens. Durch die Befruchtung wird die Eizelle zur → Zygote.

Elfenbeinturm → S. 56

Embryo beim Menschen das Entwicklungsstadium, von der vierten Schwangerschaftswoche bis zum Ende des dritten Schwangerschaftsmonats. Er wird von dem embryonalen Organ der Fruchtlase umgeben.

Emergenz → S. 40

empirisch → S. 45

Erklärung → S. 14

Eugenik betrifft gesellschaftspolitische Programme, die Gene von Menschen zu verbessern.

Evolution → S. 37

Evolutionstheorie → S. 18

Experiment/Experimentieren → S. 28

F

Fakten → S. 10

Fälschung → S. 54

falsifizieren → S. 32

Fetus. Entwicklungsstadium, beim Menschen vom vierten Schwangerschaftsmonat bis zur Geburt

Fitness → S. 42

Fließgleichgewicht → S. 41

Forschungsfreiheit → S. 56

G

Gegenseitigkeit → S. 43

geozentrisches Weltbild → S. 4

Geltung → S. 11

Gentechnik → S. 51

Glaube → S. 12

H

heliozentrisches Weltbild → S. 4

heuristischer Wert → S. 19

historische Erklärungen → S. 45

historische Naturwissenschaft → S. 37

Hypothese → S. 26

hypothetisch-deduktives Verfahren → S. 38

I

indirekte Fitness → S. 42

Wie Sie mit diesem Buch arbeiten können.

Die Bücher der Reihe *Neue Wege in die Biologie* sollen dazu dienen, besonders schwierige Themen des Biologieunterrichts sinnvoll zu lernen. Im Biologieschulbuch und im Unterricht werden häufig mehr Details und umfangreichere Inhalte mitgeteilt, als Sie hier finden können. Stattdessen legen wir Wert auf Prinzipien und prägnante Zusammenhänge. Wenn Sie Strukturen und Prozesse verstehen, werden Sie auch Einzelheiten besser einordnen und leichter lernen können als zuvor.

Wir möchten, dass Sie die Inhalte nicht für den nächsten Test auswendig lernen, sondern sie verstehen.

Für diesen Zweck ist jedes Buch dieser Reihe wie folgt aufgebaut:

- **Kapiteleinstieg:** Jedes Kapitel beginnt mit einer Doppelseite, auf der links themenrelevante Bilder und rechts wichtige Fragen aufgelistet sind, die vor allem Alltagserfahrungen oder auch nicht geklärte Informationen aus Unterricht und Medien ansprechen. Nach dem Durcharbeiten des Kapitels sollten Sie diese Fragen einer jüngeren Schülerin oder einem jüngeren Schüler verständlich beantworten können. Erst wenn man etwas einfach erklären kann, hat man es richtig verstanden!
- **Kernaussage:** Über den folgenden Doppelseiten steht ein Satz als Überschrift, der die zentrale Aussage der Doppelseite vermittelt. Sie können beim Durcharbeiten der Seiten jeweils für sich prüfen, was die einzelnen Absätze zu dieser Kernaussage beitragen.
- **Text:** Die Texte der Seiten sind so gegliedert, dass sie die Übersicht und das Weiterdenken zum Thema erleichtern. Durch Seitenverweise werden Sie auf weiterführende Informationen hingewiesen. Die zweite Doppelseite eines jeden Kapitels gibt Ihnen mit den Fragen der Unterüberschriften und den zahlreichen Seitenverweisen eine **Einführung** in das Kapitelthema.
- **Kasten: In der Buchreihe** *Neue Wege in die Biologie* können einige Begriffe und Fachwörter vielfach von denen in Schulbüchern abweichen. Diese Abweichungen sollen das Lernen erleichtern, indem sie zutreffende fachliche Vorstellungen deutlicher vermitteln, als das sonst der Fall ist.

  Um Abweichungen zu verdeutlichen und einsehbar zu machen, dienen zwei Sorten von Kästen:

  In den Kästen **Wörter** und **Begriffe** werden meistens mehrere Fachwörter für denselben Sachverhalt behandelt und dabei solche Wörter herausgestellt, die den Sachverhalt möglichst zutreffend angeben und damit das Lernen erleichtern. Die anderen aufgeführten Fachwörter werden oft in Schulbüchern verwendet. Hier wird geklärt, wie sie fachlich richtig zu verstehen sind.

  In den Kästen **Ansichten und Einsichten** werden verbreitete (häufig nur halbwegs oder nicht zutreffende) Ansichten zu einem Sachverhalt aufgegriffen und gezeigt, was fachlich damit gemeint ist. Zuweilen wird eine ältere Ansicht neuen Einsichten gegenübergestellt.
- **Aufgaben:** Die Aufgaben auf den Seiten sind so gestellt, dass Sie mit ihnen Ihr Verständnis über den Inhalt der Seiten überprüfen können. Am Ende des Buches finden Sie mit der Überschrift „Alles klar?“ Aufgaben, die die Kapitel übergreifen. Mit diesen können Sie überprüfen, ob Sie Zusammenhänge zutreffend erfassen.
- Mit den QR-Codes können Sie die vorgeschlagenen Lösungen abrufen.
- **Glossar:** Das Glossar am Schluss des Buches hilft, Definitionen und Umschreibungen von Begriffen im Buch wiederzufinden. Es ersetzt so ein Stichwortverzeichnis. Einige Begriffe, deren Definitionen im Kapiteltext zu weit vom Gedankengang wegführen würden, sind im Glossar definiert oder umschrieben. Das Glossar wird durch Folgebände der Reihe fortlaufend erweitert und digital mit dem QR-Code bereitgestellt.

Nicht zuletzt möchten wir, dass durch *Neue Wege in die Biologie* das Lernen der Biologie Freude bereitet: Wenn Sie nach dem Überwinden mancher Schwierigkeit zu erhellenden Einsichten kommen, werden Sie dies erfahren! Zuweilen werden Sie Ihre Lehrerin oder Ihren Lehrer mit den gewonnenen Einsichten sogar überraschen können.